JN271660

イチョウの自然誌と文化史

長田 敏行／著

裳 華 房

Natural and Cultural History of Ginkgo

by

TOSHIYUKI NAGATA

SHOKABO

TOKYO

はじめに

　イチョウは、日本人にとっては大変親しみ深い植物である。私にとっても身近なものであった。私の生家の前には250年は経たお寺があり、境内に、当時すでに200年以上経た大きなイチョウの木があった。それで、その木によく木登りをした。今はもう整備されていてとても登ることはできないが、当時は枝を伝って相当上まで登ることができた。そこからは、はるか遠くまで見ることができ、狭い範囲ではあるが、俯瞰を楽しむことができた。すぐ隣は二階建ての鐘楼で、当時は第二次世界大戦の供出のため釣鐘がなかったが、鐘楼の軒には隙間があって鳥が巣くっており、そこに潜り込むと建物のてっぺんまで登ることができた。それはほとんど私一人の秘かな楽しみであった。他にもスギやサワラの巨木があり、やはり200年以上経ており、そのいくつかにも登った。ただ、カツラは大木過ぎて登ることはできなかったが、その落ち葉の甘い匂いは今でも思い出す。それほどイチョウはありふれた木であった。

　イチョウは日本に昔からあるものと思っていた。イチョウは種子植物でありながら、精子を作るということを学校で習い、しかもそれは日本人により発見されたことを知ったとき、不思議だなという思いはしたが、それ以上ではなかった。ところが、日本では一旦途絶えて、歴史時代に中国から導入されたものであるということも図書館の本で読んだときその状況に思いを寄せた。また、境内にはコウヤマキがあった。イチョウ、カツラ、コウヤマキが地球の歴史において良く似た運命をたどっていることは第5章で触れるが、子供の頃はそこにあることは当然と思い、そのような歴史を背景にしていることはまったく想像しなかった。

また、茶わん蒸しをいただくときギンナンが潜んでいることは、イチョウが身近に感じられる点である。本文で説明するように、ギンナンが得られるためには、雄雌両株が必要であるが、その理由を知らなくても日本では古くからギンナンを得ていたということで、経験で知っていたということであろう。また、多くの祭りにギンナンが現れていることも身近に感ずる理由であろう。ある春の日に、学会で赴いた京都で八坂神社の境内を歩いていると、屋台がそれこそギンナンを様々に加工したもので一杯であった。祭りと一体化していることは、イチョウが日常生活に入っていることを示す。その後各地に同様なギンナン細工があることを知った。特に、本文で触れるように1693年以降にヨーロッパへ導入されたイチョウは、長い時を経て、1814年になって初めてギンナンができるようになったことを考えると、日本では馴染みになった時期は相当古いと言えよう。

　ところが、縁あって1990年に東京大学理学部に勤めるようになり、1995年から東京大学附属植物園の園長を併任で務めることになったが、諸般の事情で園長職に通算8年間関わることなった。最初の園長職に就いた時は、平瀬作五郎によるイチョウ精子発見から100年目を迎えるということで、池野成一郎のソテツ精子発見と併せて記念のお祝いの会と国際シンポジウムなどをすることが決まった。正確には、併任になったのは99年目で、その時から発見100年目に向けて準備が始まった。精子発見100年の記念の会を組織し、その組織の中心として活動したが、当然多くの人々の協力があった。会自体は大変順調に進行し、文部科学省科学研究費の助成も受け、他の植物医薬の会社からのサポートを得ることもできた。外国人講演者10名を数える国際シンポジウムも企画し、1996年9月8日に東京大学山上会館で開かれた国際会議は盛り上がった。また、一般市民向けの「いまなぜイチョウか？」の公開シンポジウムも開催した。

　東京大学安田講堂を会場とした公開シンポジウムは、一部には果たして聴衆が集まるかという危惧もあった。そして、1996年9月9日、その日はちょうど平瀬の精子発見から100年目であるが、小石川植物園で式典が開かれた。

はじめに

記念式典の開かれた午前中は晴れていたが、終了して本郷キャンパスへ移動の段になって突然ひどい夕立が降ってきた。その時点で、安田講堂がガラガラであることも覚悟したが、奇跡的に雨が止んでしまい、参加者は続々と集まってきた。新聞で広く報道されたこともあったためか会場が一杯になるという予想外の盛況となり、参加者は800名を超えた。地方からの参加者も多く、確認できた中で最も遠方の方は青森県からの参加であり、新潟県の方もおられた。そんな驚きの連続であったが、終わってみると、「イチョウの精子発見、ソテツの精子発見」には不思議が山積しており、一般には知られていない資料がその後も続々と集まってきたというのが実情であった。また、一旦集まるとそれをコアにして、さらに情報は少しずつであるが集積し続けた。

それら集まった情報は、まとまれば、その折々に、小石川植物園後援会ニュースレターに寄稿した。数えると、それは9回に達している。関連するものも含めるとそれ以上である。資料が集まりだすと、不思議なもので、雪だるま式とはいかなかったが、徐々に増えていった。また、私の興味を知った外国の友人からも情報が寄せられるようになった。それらをまとめて、知っていただくことは意味があるだろうと思ったことが、今回の執筆に至る直接の動機である。また、狭い範囲で知られていたことゆえ、多くの人に知っていただくことに意味があるという思いもあった。特に、科学では独創性が大切というが、イチョウ、ソテツの精子発見は、日本人が世界に先駆けて行った大発見という点ではきわめて特異であるといわねばならない。それらをここにまとめて紹介するが、それらの舞台背景の状景も伝わればと思う。

さらに、本書では特に第5章の「イチョウの繁栄と衰退のドラマ」では、多くの植物が登場する。それらのいくつかは、かつてヨーロッパでも北アメリカでもイチョウと共存していたが、イチョウは中国に残り、いくつかは日本に残存した。それらはコウヤマキ、ヒロハカツラなどである。それら日本固有の植物を具体的に知っていただくことは意義ありと考え、それらの植物が、小石川植物園のどこにあるかを第11章に示した。それらを見ていただ

いて、実際の植物としても確認していただければと思う。

　そして、イチョウは一旦絶滅しかかったものの、人とのかかわりで今世界に広がっており、現在世界の生物は多くが絶滅に瀕しているが、その将来の姿にも示唆を与えてくれるという点で特異であると言わざるを得ない。この概況が読者に伝わればと思う。

　ここで、本書をまとめるに際して重要な要因となったもう一つの事実についても述べたい。イェール大学林学・環境学部長ピーター・クレーン (Sir Peter Crane) 教授とは、かねてよりイチョウを共通の関心としていることは認識していた。そして、2011年2月に彼の準備中の著書「Ginkgo（イチョウ）」のドラフトが届いたが、分量はまだ予定の半分以下ということであり、イチョウに関する日本における事実関係の照会であった。特に、イチョウの精子発見の経緯については詳細な点まで尋ねてこられたので、それらについては逐一すべて返答した。一方、古生物学を専門とするクレーン博士からは、イチョウの地質年代における繁栄と衰退については教えてもらうことが多かった。これらについてはその後も相互に情報の交換を行ったが、ここに特記してクレーン博士に謝意を述べたい。

　また、東京大学大学院理学系研究科附属植物園 邑田 仁 教授からは、イチョウの雌花、雄花の写真を恵与頂いたことに感謝したい。さらに、イギリス王立キュー植物園の山中麻須美氏より、表紙の植物画の提供を受けたことに感謝する（出典は Curtis's Botanical Magazine の筆者らのイチョウに関する論文）。

　やや特殊な内容をもつ本書であるにもかかわらず、本文中に触れるようにソテツ精子発見者である池野成一郎の古典的名著「植物系統学」を刊行された裳華房は、本書もその延長上で考えて下さり、刊行の判断をされたことに謝意を述べたい。特に、本書を担当され、完成に尽力いただいた同社野田昌宏氏に感謝したい。

2014年1月

長田敏行

目次

第1章　イチョウ精子発見は、なぜ大発見か？　　　　　1
 1・1　明治初期の科学の状況　　　　　　　　　　　1
 1・2　外国人教師　　　　　　　　　　　　　　　　2
  コラム　その後のモース　　　　　　　　　　　5
 1・3　日本人の発見　　　　　　　　　　　　　　　7
 1・4　精子発見の大イチョウ　　　　　　　　　　　8
 1・5　私の追跡作業　　　　　　　　　　　　　　　9
 1・6　シュトラスブルガーとは？　　　　　　　　　10
 1・7　イチョウ精子観察　　　　　　　　　　　　　13
 1・8　シュトラスブルガーの得たギンナン　　　　　17
  コラム　ヴェットシュタイン　　　　　　　　　18

第2章　イチョウの旅路：
   日本からヨーロッパへ、そして、ウィーンからボンへ　20
 2・1　ウィーンからボンへ　　　　　　　　　　　　20
 2・2　ウィーン大学のイチョウ　　　　　　　　　　21
 2・3　ケンペルがイチョウをヨーロッパにもたらした　23
  コラム　デトモルト　　　　　　　　　　　　　27
 2・4　イチョウの拡がり　　　　　　　　　　　　　28
  コラム　イチョウにおける性転換について　　　29
 2・5　余波　　　　　　　　　　　　　　　　　　　31

コラム　嘗百社と赭鞭会　　33

第3章　生きている化石としてのイチョウ　34
　3・1　生命の誕生　　34
　3・2　クチクラ、気孔、リグニン　　35
　3・3　水の輸送　　36
　3・4　種子形成　　38
　3・5　イチョウの諸形質　　40
　3・6　ソテツ　　41
　　3・6・1　ソテツでの精子発見　　41
　　3・6・2　ソテツ類の系統　　44
　3・7　その他の「生きている化石」　　45
　　3・7・1　メタセコイア　　45
　　　コラム　アケボノゾウ　　47
　　3・7・2　コウヤマキ　　48
　　3・7・3　改めて生きている化石とは　　50
　　　コラム　生きている化石　　50

第4章　平瀬作五郎と池野成一郎の肖像　52
　4・1　イチョウ発見に関わる群像　　52
　4・2　平瀬作五郎　　52
　4・3　内藤誠太郎、矢田部良吉、橋 是清、森 有礼　　55
　4・4　高橋是清　　56
　4・5　内藤誠太郎　　58
　4・6　平瀬作五郎の退任　　60
　4・7　池野成一郎　　64
　　　コラム　予備門時代の池野成一郎　　65

第5章　イチョウの繁栄と衰退のドラマ　　68
　5・1　イチョウの化石　　68
　5・2　中生代でのイチョウの繁栄　　69
　　5・2・1　繁栄への道　　69
　　5・2・2　中生代におけるイチョウの多様性　　74
　5・3　現生イチョウへの道　　79
　5・4　イチョウの系統関係　　80
　　コラム　ヴィリ・ヘニッヒ（Willi Hennig）　　82
　5・5　衰退への前段階　　84
　5・6　新生代におけるイチョウの衰退のドラマ　　85
　　5・6・1　新生代での衰退　　85
　　5・6・2　イチョウの絶滅　　87
　　5・6・3　イチョウ消長のダイナミズム　　88
　　5・6・4　残存したイチョウ　　89
　　【補遺】　RAPD、葉緑体ゲノム、PCR　　91

第6章　イチョウは中国から日本へ運ばれてきた　　93
　6・1　日本のイチョウ　　93
　　コラム　鶴岡八幡宮のイチョウ　　95
　6・2　シナン（新安）沈船　　96
　　6・2・1　海洋考古学によりもたらされたもの　　96
　　コラム　アンチキテラ　　97
　　コラム　メアリー・ローズ　　97
　　コラム　蒙古沈船　　98
　　6・2・2　シナン（新安）沈船の回収　　98
　　6・2・3　酵素多型　　101
　6・3　日本におけるイチョウ　　102
　　6・3・1　日本のイチョウ　　102

黄葉	103
チチ	103
6・3・2　イチョウの変異	104
お葉付きイチョウ	104
オチョコバ（ラッパ）イチョウ	107
その他の変異	108
6・3・3　文化史的側面からのイチョウ	109
街路樹	109
シンボルとしてのイチョウ	109
ギンナン料理	111
髷	112
紋	112
材	113
火除け	113
イチョウ葉のシミ（紙魚）除け効果	114
ギンナン細工	114
詩歌に登場するイチョウ	115
文学作品に登場するイチョウ	115

第7章　そしてイチョウは世界へ広がった　117

7・1　ヨーロッパでの拡がり	118
7・2　イチョウの新大陸への拡がり	119
7・3　イチョウ成育環境	120

第8章　医薬品としてのイチョウ　125

8・1　白果	125
8・2　イチョウ葉	125
フラボノイド	126

	テルペノイド	127
8・2・1	イチョウ葉エキス	128
8・2・2	イチョウ葉エキスの薬理学的効果	129
8・2・3	イチョウ葉エキスの臨床効果	130
	コラム シュヴァーベ社見学記	131

第9章 ケンペルがイチョウを Ginkgo と呼んだ　133

9・1	廻国奇観	133
9・1・1	Ginkgo 誤記説	135
9・1・2	「廻国奇観」のイチョウの説明	136
	銀杏またはギンナン、俗にはイチョウ	136
9・1・3	Ginkgo の検証	137
9・1・4	廻国奇観の日本の植物	139
	コラム チュンベリー（Carl Peter Thunberg）	140
	コラム ケンペル標本との出会い	141
9・2	「日本誌」の成立まで	142
9・3	'The History of Japan' 日本誌	144
9・4	今村源右衛門英生	145

第10章 ゲーテとイチョウ　151

10・1	ゲーテのイチョウへのこだわり	151
	コラム マリアンネ・フォン・ヴィレマー（Marianne von Willemer）	152
10・2	ゲーテと植物	155
10・3	ABC モデル	160
10・4	花とは？	162
	コラム フロリゲン	163

第 11 章　小石川植物園植物散策と歴史的背景　165

- 11・1　植物散策　166
  - コラム　メンデルブドウ　169
  - コラム　ニュートンのリンゴ　170
- 11・2　歴史の中の植物園　176
  - 11・2・1　明治維新以降　176
    - コラム　小笠原諸島の絶滅危惧植物　177
    - コラム　日光植物園　178
  - 11・2・2　御薬園時代　179
    - コラム　植物園と御庭番　181
  - 11・2・3　江戸以前　182

第 12 章　イチョウが教えてくれるもの　185

第 13 章　終 章　189

- 引用文献　194
- 索 引　198

本書の図 5・1、図 5・3～図 5・6、図 5・8、図 6・1 は、ピーター・クレーン（Sir Peter Crane）博士より 2012 年 5 月に、使用許可とともに図の提供を受けた。同博士に深謝したい。

第1章

イチョウ精子発見は、なぜ大発見か？

　種子植物であるイチョウに例外的に精子が作られることが平瀬作五郎により 1896 年（明治 29 年）に発見され、同年にソテツでも精子を作ることが池野成一郎により発見された。それがなぜ大発見かを追跡することが本章の主題であるが、それには明治維新前後の日本の状況から始める必要があると思うので、そこから始める。

1・1　明治初期の科学の状況

　明治維新により日本は再度世界に門戸を開くことになった。しかし、明治維新は当初討幕派により、長い徳川幕府の統治により生じた歪みをただすために、王政復古が唱えられたが、最初はそれに攘夷が伴っていた。ところが、長州は、下関で四国艦隊に徹底的に打ちのめされ、薩摩はイギリス軍艦にその差を見せつけられた。これら外国との抗争で決定的に軍事技術の差を見せつけられたので、開国に向かうこととなり、科学技術の導入に積極的になった。それをうけた明治政府は西洋文化を取り入れ、近代化する方向に進んだ。それは同時に、科学技術の導入による殖産興業であり、今日的表現ではテクノロジー・トランスファーである。したがって、独自の科学的成果が得られるまでには、よほど時間をかける必要があった。そして、1877 年（明治 10 年）には大学校、開成学校などを経て、東京大学が創立されたが、そこでも主目標はキャッチアップ（先進諸国に追いつくこと）であった。

　東京大学は最初、法学部、文学部、理学部、医学部の 4 学部で出発するが、理学部での教授陣を例にとってみよう。教授は 15 名いたが、その内 12 名までがいわゆるお雇い外国人教師であり、日本人はわずか 3 名であった。その

3名とは、菊池大麓、矢田部良吉、今井巌で、菊池はケンブリッジ大学で学位を得て数学を担当し、矢田部はコーネル大学卒で植物学を担当し、今井はドイツ・フライベルク鉱山大学卒で鉱物・地質学、採鉱・冶金方面というように、いずれも外国の大学を修了して、それまでに帰国していた人々であった[1]。なお、工学部系は当初工部大学校として出発し、帝国大学に工科大学が設けられる際には、理学部工学系学科（冶金、採鉱学科など）と合併して出発した。そこでの教員はスコットランドなどから招聘されて実用教育にも意をはらっていたことは、応用志向にも配慮した証拠として注目に値しよう。一般的に実用教育はレベルが低いとみなすのが、ヨーロッパでの通例であったからである。また、今井はその時工学系へ移動した一人である。農学部は、駒場農学校、東京農林学校を経て帝国大学へ加わったが、概況は同様であった。ただし、医学部だけはシステム導入が早かったので、日本人の比重が高くなっていた。また、外国人教師はベルツ（Erwin von Bälz）博士を初めとするドイツ系に偏っていた。

1・2　外国人教師

開成学校の時代に教鞭をとった外国人教員の中には質的にかなり怪しい人もいたとは、後で触れる高橋是清の述懐であるが、東京大学へ呼ばれた人々は一様に高いレベルにあった。お雇い外国人教師は、総じて短期間滞在で、2年程度であった。例外的には長く滞在し、10年を超える人もあったが、それはごく少数であり、相当高給が支払われていた。多くは明治4年に日本を出発し、世界（アメリカ、イギリス、フランス、ベルギー、オランダ、プロシア、デンマーク、ノルウェー、オーストリア、スイス、イタリア）を回ったいわゆる岩倉使節団によって招聘された。使節団の訪問の状況は、今日でも「米欧回覧実記」[2]で知ることができる。著名な人は、例えば、エドモンド・ナウマン（Heinrich Edmund Naumann）であるが、彼は日本へ来たとき25歳の誕生日直前で、当時等高線のある地図もない時代に、伊能忠敬制作の海岸線のみ描かれた地図を頼りに日本全土を10,000 kmも調査に歩いた。本州

1・2　外国人教師

中部の地溝帯に、フォッサマグナという名前を与えたのは彼である。後に、象の化石の一種は、彼にちなんでナウマンゾウと名付けられた。

そうではない人もおり、例えば大森貝塚発掘で著名なエドワード・モース（Edward Sylvester Morse）は腕足類の調査のために1877年（明治10年）に日本へ自費で来た。横浜から鉄道に乗って新橋駅で下車し、すぐに紹介状を貰っていた文部省顧問のデイヴィド・マレー（David Murray）博士を訪問した。当時外国人には移動の制限があったので、旅行の便宜を図ってもらうためであった。その途中、白く盛り上がった地形を見て直ちに貝塚と直感し、後に発掘して彼の重要な業績となった。故郷ニューイングランドでの経験に基づく類推からであった。

なお、マレー博士は、岩倉使節団の田中不二麿により白羽の矢が立てられており、また最初の文部大臣となる森 有礼によっても支持されたので、田中が改めて米国ラトガース大学へ赴いて日本への招聘が決定されて、文部省顧問となった。専門は物理学・数学であった。ところが、突然訪問したモースの話を聞いた文部省の吏員も、また東京大学の関係者も一様に好意をもって教授として迎えたいという希望を示した。外山正一らを通訳として一般講演会を行い、好評であったことも要因であった。

モースはマレーと一緒に日光に赴き、中禅寺湖でシャミセンガイ（腕足類）を採集して帰ってくると、教授就任への正式な依頼があり、それを受け入れて初代動物学教授となった。その採用条件は他の外国人には内緒にしなければならないほど良い待遇であり、アメリカで講演するという先約を果たすために、一旦故国へ戻り、家族と共に来日することもその条件の中へ入っていた。モースはこれにより日本での移動の自由を得た。この教授就任は偶然の産物であり、決して彼は教授として日本へ招聘されたのではなかった。実際、内々に後にはスタンフォード大学の総長にもなったデイヴィド・ジョーダン（David Jordan）は矢田部良吉を知っていて、その職に就けるものと期待していたとのことである。しかし、モースがその職に就き、彼はその厚遇に応えて成果を世界にアピールするために大学紀要を創刊し、諸外国との資料の

交換を積極的に行い、また、進化論の紹介者として大いに活躍した [3]。

　また、江の島に臨海実験所を創設し、その後身が三浦半島油壺の東京大学臨海実験所である。教授として招聘する人々の質の保証についての助言も総理加藤弘之に行っている。生物学会も彼が創始した [4]。実際、彼の推薦で招聘されたアーネスト・フェノロサ（Ernest F. Fenollosa）、トーマス・メンデンホール（Thomas C. Mendenhall）は、大きな貢献をしている。フェノロサは後で触れるが、メンデンホールは物理学を講じ、重力の測定を行うなど実験的手法を導入しており、両者を招聘することに助力したことに対して、後に東京大学総長よりモースに感謝状が贈られている。

　モースは東京大学大講堂（当時は神田一橋で現在の学士会館の場所であった）において、教職員とその家族に対して進化論の講義を行い、皇族向けにも行った。また、一般向けにも進化論の啓蒙的講演を行った。それが大いに歓迎され、大盛況であったことに大いに喜び、また、驚いた [3]。

　というのは、モースはハーバート大学で助手を務めていたが、教育訓練はほとんど独学であったため、ルイ・アガシー（Louis Agassiz）教授の指導の下に比較動物学博物館で働いた。研究対象は主として貝類と腕足類の生物学であった。ところが、当時チャールズ・ダーウィン（Charles Darwin）が進化論を発表したばかりで、世界は進化論支持と進化論反対に分かれた。反対派はキリスト教の「創造説」を根拠にするわけであるから、その反論を科学的に行うことは困難であった。そして、アガシーはスイス生まれで、ヨーロッパでの戦争を理由にアメリカに渡り、典型的なカルバン派であったので、特にその姿勢は激しく、また厳しかった。当時、ハーバート大学で進化論に与したのは植物学者のエーサ・グレー（Asa Gray）教授であり、ダーウィンとの交信が知られている。そして、アガシーの反対の論拠の一つは腕足類が地質時代を通してその形態を変えていないからであるとした。ところが、モースの示したことは腕足類が進化し、変化していることであった。なお、腕足類は二枚貝に形態的に似ているが、貝類ではなく、腕足動物類として独立している。このため、アガシーの下には留まることができず、独立して活動を

1・2　外国人教師

始めた。当初は困難もあったが、やがて成功をおさめるようになり、グレー教授の推薦もあってプリンストン大学からも招聘を受けるようになったが、それは受けなかった。そして、カリフォルニアへの講演旅行の際、太平洋の反対側の日本には腕足類が多いということを知って、調査の為に渡航して2、3年滞在するつもりで横浜へ到着したのが1877年、東京大学設立の年であった。実際日本には30種余見られるのに対し、北米ではごくわずかであった。

　特に、進化論の啓蒙活動が成功を収めたことについては彼自身驚き、砂地に水がしみとおるように受け入れられたと大変喜んだが、2年間で退任した。ただ、日本にも反論の論陣を張る人がいなかったわけではなく、聖路加病院の院長であったフォールズ（H. Faules）は反進化論を唱えた。もっとも、モースと直接論戦になったわけではないようであり、モースとは大森貝塚でともに発掘に携わり、土器に残っている指紋から世界最初の学術的な論文を書いた。モースはその後再び訪れるも、それは日本の古美術と陶器への関心からであり、終生ピーボディー博物館（セーラム）の館長であった。彼は契約の更新を希望せず、チャールズ・ホイットマン（Charles O. Whitman）を推薦したので、彼が後任となった。ホイットマンは、モースとは異なったタイプの研究者で、顕微鏡を使った組織学研究の先端研究を示すなど大きな影響を与え、彼もアメリカへ帰国後著名な研究者となった。なお、少しあとであるが化学教授のダイバース（E. Divers）博士は例外的に在任期間が長く、13年に達した。この間に諸外国へ留学していた若い世代の人々が、外国人教師の辞めた後を埋めていった。例えば、ホイットマンの後任は、イェール大学を経てジョンスホプキンス大学を卒業した箕作佳吉であった。また、当初講義はすべて英語で行われたが、徐々に日本語に変えられていった。

コラム　その後のモース

　視覚感覚の鋭い人であったモース（E.S. Morse）は、市井の焼き物にも興味を持った。ところが、彼の良いと思ったものは陶器の伝統からすると必ずし

も良品ではなく、何が優れたものであるかを見分ける方法について蜷川式胤に手ほどきを受けた。作者、産地、時代の情報などである。偽物も多いので、それらの見分け方も重要である。蜷川は、長年にわたって蓄えてきた陶磁器判定基準に関する未刊の一部しかない著書「観古図説陶器之部」の内容に一外国人が興味を持ったということに感銘を受け、その言わば内密の虎の巻をモースに伝授した。そこには、優れた作者、用いられた印、作者の名前の変遷などの判断法と、作者の系譜やそれぞれの特徴などが書かれていた。蜷川は、それからしばらくして亡くなったので、その秘儀はモース一人に伝わったということができる。そういった意味では、モースはそれまで明治人が重要と思わなかった伝統的な日本の陶磁器の重要性を、世界に知らしめた人物ということができよう。折しも、彼の推薦で東京大学教授（文学、哲学）に就任したフェノロサ（E. F. Fenollosa）によって、当時廃仏毀釈の嵐の後で、由緒ある寺院の宝物が破壊され、それこそ二束三文で処分されていた時代に、日本の伝統美術が評価されるようになったことにも関連している。事実、モースとフェノロサの間には頻繁にこれらのことに関する手紙のやり取りがあった。1879年5月の鹿児島への旅行では地引網で亜熱帯動物を採集し、その土地のシャミセンガイに感激した。そして、県知事に迎えられ薩摩焼の優品の徳利を手に入れ、それらの収集品は今ピーボディー博物館やボストン美術館にある。帰路は陸路で帰ったが、八代、京都でも優れた品に出会っている。ちょうど、年に一度の正倉院が開けられた機会に際して、許されて中に入って御物も見ているが彼が注目したのは陶器のみであった。このようなことから、文部省顧問マレーを招聘に働いた田中不二麿は「あの悪漢モースが、日本の古い陶器を少しも残さず持ち去ってしまって、ボストン博物館のガラスケースの中に入れてしまった」といっているが、それは一面でしかないであろう。なお、金子堅太郎も、彼が興味を示した郷里筑前の高取焼の優品を進呈し、大隈重信は自身の収集品のすべてをモースに贈った。

　その後1882年にモースは、日本を再訪し、ビゲロー（W. S. Bigelow）、フェノロサと京都や奈良を旅行するが、その時彼は日本人が一向に目を向けない

美術品、陶器は大切に取り扱われなければならないと発言した。これを聞いて日本美術の再認識と国外への流出の阻止に向かったのが岡倉天心であり、美術品流出を阻止する法律も定められた。また、フェノロサと岡倉は鑑画会を創立して、伝統的な日本画の評価と振興にあたった。その後、ともに東京美術学校を創立するが、その時絵画は日本画中心であったのも同様な背景からである。そこには、狩野芳崖をはじめとする狩野派の流れをくむ絵師が多く関わった。モースは、その後中国にわたり、陶磁器の産地へも行くが、そこでの状況は日本とはまったく違い、洋鬼として追われたと述懐している。さらに、シンガポール、フランスを歴訪し、「観古図説」に載っている品々があることをあることを確認している。イギリスでは、ハックスレー（Thomas H. Huxley）から東京大学教授への推薦を受けたが、健康上の理由で赴けなかったことに関し、推薦を受けたことに対する感謝が述べられた。

その後、アメリカへ帰り、ピーボディー博物館の館長として終生過ごすこととなった。当初は、陶器の収集と動物学は共存していたが、彼の財力をはるかに超える陶器を買い込んで、一時は破産直前であった。しかし、それらを対価をはらって入手しようという、ニューヨーク博物館、クリーブランド博物館、シカゴ博物館の申し出を断り、全体が一緒にあることに意味があるのであるという主張は守られた。そのため、彼の収集品は、ボストン博物館、ピーボディー博物館に今日残され、世界有数のコレクションとなっている。また、アメリカ科学振興協会の会長としても活動した。

1・3　日本人の発見

やがて、日本人の独自の科学的成果ももたらされるようになったが、明治時代にどのようなものが独自の成果として数えられているであろうか。まずは北里柴三郎の破傷風菌の発見が挙げられるが、これらは世界最先端の研究がおこなわれていたベルリン大学のロベルト・コッホ（Robert Koch）研究室でなされたということは考慮される必要があろう。また、志賀 潔の赤痢

菌発見は北里研究室で行われた。細菌病の原因菌の同定という、人類の生存に直接関係する発見であるということで、人々の記憶に残りやすい点も考慮すべきであろう。

この点、平瀬作五郎のイチョウ（*Ginkgo biloba*）の精子発見、また、続いて示された池野成一郎によるソテツ（*Cycas revoluta*）の精子発見は、完全に日本で行われたものであり、当時の西洋人にはなしえなかったことが日本人によって行われたことから、最初の大発見であるといっていいであろう。科学原理のなぜには諸段階がありうるが、そのもっとも高い段階であり、純粋理学的関心から多くの人々が追求していたことである。ところが、なぜ大発見かとなると、専門家といわれる人々にもそう明らかではないことに気づいた。

それがこの稿を認めるきっかけであったが、そのことを強く実感したのは、1996年にイチョウ精子発見100年記念に際して、記念の会を行う実行委員長として活動した時以来である。この間に判明したことは明らかにされていないことが多く、これらを解明し、広く知ってもらうことは重要であると思ったからである。また、記念式典は精子の発見された小石川植物園の大イチョウの前で行われた。

1・4　精子発見の大イチョウ

ここで、精子の発見されたイチョウの木について概略を述べておきたい。そのイチョウは、小石川植物園の中央に大きく聳える木である（図1・1）。その場所は、小石川御薬園薬園奉行の一人岡田利左衛門の役宅の庭であり、植えられたのは1718年頃と推定される。1984年に当時の植物園主任技官下園文雄は、中が中空の生長錐を幹にねじ込んで幹の断片を採取し年輪を測定したが、その推定値は270年でそこから逆算した年代である。いわば木のボーリングである。ところが、明治維新の直後、御薬園の樹木を切り倒したものはその当事者の所有になるということで鋸が入れられたが、大きすぎて期限内に切り倒すに至らず、幸い犠牲になることがまぬがれられたという歴史を

秘めている。そのため、1950年ごろまでは明瞭な傷が認められたので、「ノコギリ歯のイチョウ」と呼ばれていたということである。この木は、1876年、すなわち東京大学創立一年前に加藤竹斎によって描かれた植物園園長室に掛けられている畳一畳大の「小石川植物園一覧図」にもその大きな姿を留めている [5]。周辺の様子は再度第11章で触れられる。

1・5 私の追跡作業

その作業はまったく地味なことから始める必要があった。科学のトレーニングを受けた人間として行うべきことは、まず一次情報としての原著論文を読むことであった。平瀬

図1・1 小石川植物園の大イチョウ
1896年9月9日、平瀬作五郎はこの木に櫓（やぐら）を組み、顕微鏡を持ち上げて観察して、イチョウ精子を発見した。根元には発見60年を記念して1956年（昭和31年）に記念碑が建てられている。周囲には実生が見られる。

の精子発見の主たる論文は三つにまとめられている。日本植物学会の会誌である「植物学雑誌」へ出された日本語による報告も「ドイツ植物学中央誌（Botanisches Centralblatt）」へ出された独文の報告も、いずれも簡潔に発見の事実を述べたいわゆる「速報」あるいは「短報」である。なお、ドイツ植物学中央紙へは、あとで触れる池野成一郎の論文が先に登場し平瀬の論文は次の号であった。最も詳しいのは、フランス語で書かれ、東京帝国大学理科大学紀要（Journal of the College of Science, Tokyo Imperial University）に発表されたものである。ちなみに、この紀要はモースの主導で日本の業績を欧文で世界に発信するために創刊され、当初の名称は Memoirs of the Science Department of the University of Tokyo, Japan であった。

この他に、やや遅れてイギリスの植物学誌（Annals of Botany）に平瀬、池野の共著でも発表されているが、それは発見が明らかになったのちに、編集者よりの招待記事であるので、ここで取り上げる必要はないだろう。

　科学論文は一般的には淡々と無味乾燥に書かれるのでそれらから背景を探ることは難しいが、いずれの論文にも一様にエドワルド・シュトラスブルガー（Eduard Strasburger）（1844-1912）の論文が引用されていた。シュトラスブルガーとは当時もっとも著名な細胞学者であり、ボン大学の教授であった。この論文というより本の体裁を取る一連のシリーズものの第4巻であった。これが発刊されたのは1892年（明治25年）で平瀬らが研究を始める以前であり、平瀬の論文の発表の4年前であった。

1・6　シュトラスブルガーとは？

　シュトラスブルガーがどの程度著名であるかは、シュトラスブルガー編のドイツ圏での大学レベルの植物学教科書（Lehrbuch der Botanik）は1894年（明治27年）に初めて刊行されたが、今日なお刊行され続けていることに象徴される。なお、シュトラスブルガーはワルシャワ生まれで、ワルシャワ大学、イェナ大学を経て、ボン大学教授となった。それぞれの改訂版が出た時点で著名な著者によって大幅に改訂されて刊行されているので、元の内容が残っているという意味ではない。私の手元には1910年版、1928年版、1970年版、および最も新しい2002年版がある。私はこの本を元々持っていたが、私の関心を知っている人よりの寄贈により増えたものである。2002年版は現在植物学関連の講義の準備の際の情報源の一つとして重宝している。1910年のものは、イギリス・シェフィールド大学で廃棄になったものである。そして、1994年には刊行100年を記念して（図1・2）、ドイツ植物学会はその年に発表された優秀な博士論文にシュトラスブルガー賞を与えるようになった。私はその頃ドイツ植物学会欧文誌（Botanica Acta、後にオランダ植物学会誌も加わって Plant Biology となったが、当初はドイツ植物学会報告「Berichte der Deutschen Botanischen Gesellschaft（以下 Berichte と略する）」であり、

1989年までこの名前であった）の編集委員であったので、バイロイト大学で開催されたその年の年会に出席していて、そこでの編集会議でその事実を知った。当時有名であっても忘れられた人々もいるが、シュトラスブルガーの名前は生き続けていると言えよう。また、日本からの留学者が何人かいるが、そのうちの一人は後に東京帝国大学教授となり、日本における遺伝学の振興の功績により文化勲章を授与された藤井健次郎博士であり、留学中に助手から助教授へ昇進した。その他には、染色体研究で知られる三宅驥一博士がいる。

シュトラスブルガーの論文のタイトルは「組織学論考4」（Histologische Beiträge IV）である [6]。どのような内容の論文であるか確かめようと思って生物学科図書室へ行くと、リストには載っているものの書架には置かれていなかった。捜してもらうと、当時東京大学理学部二号館大講堂は階段教室

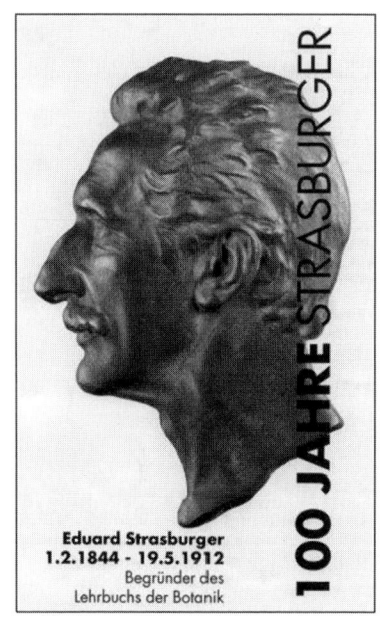

図1・2　シュトラスブルガー（Eduard Strasburger）（1844-1912）編の植物学教科書（Lehrbuch der Botanik）刊行100年を記念して作成されたパンフレットの表紙とシュトラスブルガーのプロフィル
1994年に創設され、それぞれの年に発表されたドイツ圏のすぐれた植物学関係の博士論文にはシュトラスブルガー賞が与えられるようになった。

で300人余の収容能力があったものの、不便ということでほとんど使われておらず埃をかぶっており、一時的な図書の保管場所になっていたが、そこにあった。どこでも図書室が一杯になり、閲覧されることが少なくなった書籍は物置に置かれていたり、場合によると処分されるものもあり、古い本は内容のいかんにかかわらず、とかくその対象になる傾向にあった。その本はそ

の一角にあった。

　当時の通例で大部の論文であるが、装丁の綴じはバラバラに近く、本当に危うく処分寸前というような状態であった。なお、副題は「1. 裸子植物の花粉の挙動と受精過程、2. 遊走子、配偶体、植物の精子、および受精の動態」であった。ところが、開いてみると、その頃の学問の状況を知るには大変よい本であることが判明した。特に前半では、当時裸子植物の受精過程の追求が最も関心を集めていたことがわかる。なお、後半はシダ植物、コケ類などでの精子形成と受精過程の解析である。前半では、1891年（明治24年）にロシアのベリャーエフ（W. C. Belajef）がセイヨウイチイ（*Taxus baccata*）で受精過程を明らかにしたことが、この論文執筆の動機であることを述べている。ベリャーエフの論文はドイツ植物学会報告（上記のBerichte）に出た。シュトラスブルガーはそれ以外の球果類（針葉樹）植物【カラマツ（*Larix sp.*）、トウヒ（*Picea sp.*）、ネズ（*Juniperus sp.*）】、エフェドラ（*Ephedora sp.*）でも調査した結果、彼自身「驚いたことに」と述べているが、ベリャーエフの報告が広範に確かめられたというのがこの論文の内容であり、この分野を総括する論文である。

　この論文中にはイチョウとソテツに関する記述もあり、相当なページが割かれている。興味あることに、それらの部分にはやや薄い色鉛筆でアンダーラインが引かれていた。傍線の引かれたのが平瀬の発見後か、その前かはわからないが、その意味を読み解こうという当時の読者の緊迫した気分が伝わってくるような思いがした。また、誰が傍線を引いたかも興味があるが、本の整理票を見ると、この本は当時植物学教室主任 松村任三教授がハイデルベルクの書店で求めたもので、当初は私蔵本であった。松村は1886年（明治19年）より植物生理学の祖ビュルツブルグ大学のユリウス・フォン・ザックス（Julius von Sachs）教授の下に留学していたが、当時健康にすぐれなかったザックスの下を去った。ザックスが亡くなったのはそれから10年後であるが、植物生理学の創始者であるザックスの下で勉学するのは、語学の上でも、また学力の上でも困難であった。

そして、ハイデルベルク大学のプィッツアー（E. Pfitzer）教授の下へと移り、1888年（明治21年）に帰国したが、植物解剖学などの新手法をもたらした。それらの新手法は学生に大きな驚嘆を持って歓迎された。なお、彼の留学は当初私費でまかなわれたが、後に官費留学生となった。彼にとってこの留学は必要であったと思われる。というのは開成学校卒ではあるが、そこでは法律を勉強し、後に矢田部良吉やモースの助手として働いたが、専門的教育は受けていなかったからである。そして、留学の後半はハイデルベルクであったので、そこの書店に依頼して送ってもらったのかもしれない。後に、なお教授在任中であった1912年（大正5年）に植物学教室図書室へ寄贈されたという経緯からすると、線を引いたのは松村であるとするのが最も自然な説明であろう。

　特に興味を惹かれるのは、末尾には図が添えられており、その図にはイチョウの花粉が雌の木の養分を得て成長していく過程が13枚の図にわたって明瞭に描かれている。これについては次項で触れる。精子の発見には至っていないことは言うまでもないが、学者として当時大変高名なシュトラスブルガーが、イチョウの受精過程を丹念に追求していたのである。ただし、得られた材料としてのソテツは量がわずかであり、イチョウも材料が不十分であったとも述べている。つまり、平瀬の発見は当時の世界的碩学が見落としていたことを、新興日本の研究者である平瀬が発見したということができる。その意味で大発見といってよいであろう。ただ、後でも触れるように十分な実験材料が入手できたという点では、平瀬は幸運であったかもしれない。

1・7　イチョウ精子観察

　ところで、なぜ発見が困難であったかということについての説明はある程度与えることができる。イチョウの花粉は4〜5月に飛んで、雌の木から養分を得て成長していくが、これはシュトラスブルガーによって観察されている。そして、この過程追跡は、今日なお研究対象となっており、コロラド大学のフリードマン（W. E. Friedman）教授（現在ハーバード大学）は詳細な

図1・3　イチョウの雄花
（邑田 仁 博士提供）

図1・4　イチョウの胚珠
（邑田 仁 博士提供）

観察を行っており、花粉管が変形していく過程を詳細に追求している。そして、花粉管から精子が放出されるのは、東京では9月の第一週のほんの一日くらいであり、その時間は大変短い。

なお、イチョウの花粉は、東京だと4〜5月に形成されて、雄の木の短枝の先の房状の花粉嚢（図1・3）から飛散する。その数は大変多く、シカゴ大学レスリー（A. Leslie）博士の調査によると、それほど大きくないイチョウの木からでも1兆もの花粉が形成されるということである。短枝あたりおよそ6000万で、1本の木には17500の短枝があることによる推定値である。花粉は風で飛散して、雌の木の胚珠（図1・4）に達するが、そこには珠孔液が分泌されており（図1・5）、花粉はそこから胚珠の中へ取り込まれる。花粉はそこで、胚珠組織の中に根のような足を延ばし、養分の供給を受けて、さらに形態変化を遂げる（図1・6）。そして、9月の第1週頃ほんの一日程度だけ精子を形成し、精子はほんのわずかの距離を泳いで胚に達し、受精が起こる。なお、イチョウの場合二つ精子が形成される。

私は、平瀬の発見から101年後の1997年9月9日にイチョウ精子の観察を企てた。当時私は東京大学附属植物園の園長であったが、本務は生物科学専攻の教授であったので、研究室の有志一同と一緒に行った。植物園で採集したギンナンはバケツ一杯であったが、ブチル酸、イチョウ酸などによる特有の悪臭ゆえいくつかのビニール袋に分けておいた。予め得られた情報から、木々により差があるが、一本の木ではほぼ精子形成の時

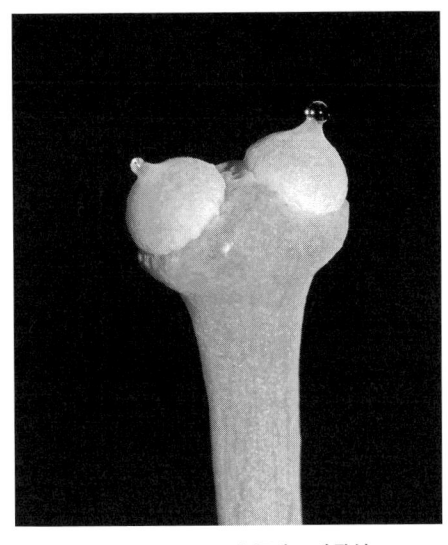

図1・5　イチョウ胚珠の珠孔液
（邑田 仁 博士提供）

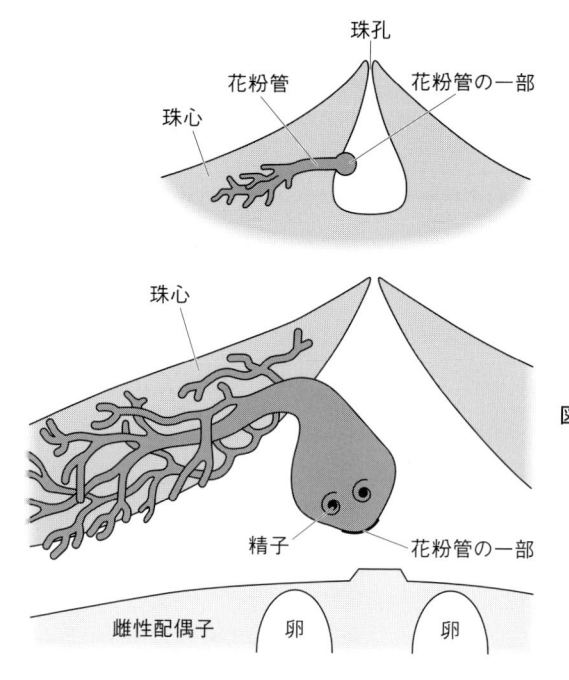

図1・6 イチョウの花粉の成長
花粉管は、胚珠組織の中に根のような足を延ばし、養分の供給を受けて著しい形態変化を遂げる。花粉の飛散からおよそ3か月後、東京辺りでは9月の第1週ごろ、精子を放出し、精子は泳いで卵細胞に到達し、受精が起こる。

　期は同調しているということで、見当をつけた木より集中的にギンナンを採集した。また、調査については経験のある筑波大学生物科学系 宮村新一 博士の援助も受け、ギンナン種子の切り方などの手ほどきを受けた。
　その概要は、「ギンナンの種皮を除き、珠孔がわの先端から1 mmくらいのところをカッターで切り、その上部だけを観察に用いる。さらに、下部についている胚乳などを除いて、花粉管室を残して5～8 mm角に切り取る。そして、突起側を下にして、10％スクロース液に付けて実体顕微鏡で観察する」というものである。それで、われわれも何とか見ることができたが、決して容易ではなかった。なお、1937年刊のCYTOLOGIAの藤井健次郎博士記念号に載っている島村 環 博士の論文には、「イチョウでは、細胞壁に包まれた2個の精子ができる。精子の一方の側には繊毛ができ（図1・7）、5％スクロースに入れると、精子は1時間程度は泳ぐ。」と書かれているが、こ

れは体験でもほぼ確かめることができた。なお、この件に関して、すでに故人となっている筑波大学 堀 輝三教授指導によるイチョウ精子の泳ぐ様子は今日映像で見ることができるが、堀博士はこれを得るのに10年近く要したと述懐している〈科学映像館、www.kagakueizo.org〉。また、この時、植物体では形成された精子の上方に造卵器が位置するので、花粉管から出た精子は繊毛を使って天井へ向かって泳ぐので、堀博士はそれを「鯉の滝登り」と呼んでいる。

1・8　シュトラスブルガーの得たギンナン

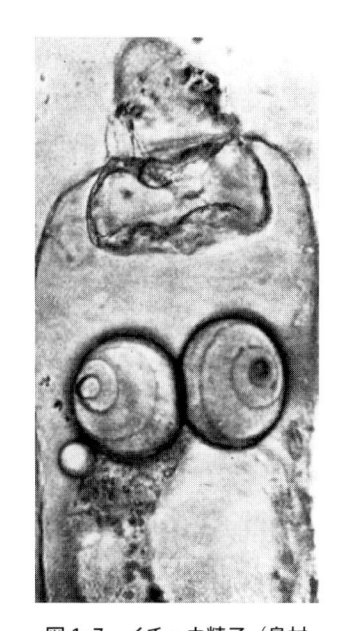

図1・7　イチョウ精子（島村環博士論文より）
創刊者藤井健次郎博士記念号 Cytologia（1937）より。形成された精子は二つで、それぞれに繊毛が見られる。これは泳ぎだして受精する。

シュトラスブルガーがどこからギンナンを得たかは興味があるが、常識的に言ったらボンの近辺であろうと想像した。ところが、上記「組織学論考4」を読むと、興味あることに、材料のギンナンは6月中旬から9月初めまでウィーン大学附属植物園より送ってもらっていたということであった。送り主は園長であるリヒャルト・フォン・ヴェットシュタイン（Richard von Wettstein）教授であった。ウィーンからボンまでは直線距離にしても700km弱であるが、ほぼ14日間隔で送られている。すぐ湧く疑問はなぜウィーンから入手する必要があったかであるが、これは次章の話題となる。

コラム　ヴェットシュタイン

　私はこのヴェットシュタインにつながる人々とは不思議な縁がある。私がドイツで研究滞在時お世話になったマックス・プランク生物学研究所ゲオルク・メルヒャース（Georg Melchers）教授の先代は上記ヴェットシュタインの息フリッツ（Fritz von Wettstein）であり、その長男ディーター（Diter von Wettstein）とは何度もお目にかかっている。彼は長いことビールで有名なコペンハーゲンのカールスベルク研究所の教授であったが、1996年に退任して現在はアメリカ・ワシントン州立大学（プルマン）で研究を行っている。実は、1996年のイチョウ精子発見100年記念の会に彼に講演を依頼したところ、移動中であるからと辞退され、他の人を推薦された。特にメルヒャース教授の90歳の誕生日を記念するシンポジウムでは4人招待講演者があったが、ディーターと私はそのうちの二人であり、その他はマックス・プランク育種学研究所のジェフ・シェル（Jeff Schell）教授と、育種を専門とするKWS種苗会社代表のアンドレアス・ビュフティング（Andreas J. Büchting）博士であった。その他の講演者は、直接のお弟子さんやかつてのスタッフであった。

　また、メルヒャース教授が亡くなって後に、存命であれば100年目の2006年1月6日にも記念の会があって参加したが、その会で、彼のお姉さんである、ウプサラ（スウェーデン）に住むウダ・リントクイスト（Udda Lindquist）にチュービンゲン（ドイツ）でお目にかかった。いずれも植物学関連の優れた研究者である。なお、ギンナンを送ったヴェットシュタインの舅であるアントン・ケルナー・フォン・マリラウン（Anton Kerner von Marilaun）は、元々医学を専攻していて医学部を卒業したが、途中で植物学に転じ、インスブルック大学教授を経てウィーン大学の教授となり、植物園長となった。このケルナーは遺伝学の創始者グレゴール・メンデル（Gregor Mendel）がウィーン大学で勉強していた頃ちょうど医学生であったため、メンデルと親交を結び、その縁でメンデルが配布した1865年の論文別刷の一部は彼に贈られたので、それはウィーン大学にある。世界に確認されている別刷8部のうちの1部

である。また、1975年の夏には私はメルヒャース博士のチロルにある別荘に家族ともども招待されたが、その場所は実はケルナーゆかりのマリラウンハウスのすぐ近くであった。ハプスブルクの貴族であったヴェットシュタイン家はそこに領地を持っていたことを大分経ってから知った。ハプスブルク家はもともとスイスの小領主で、ウィーンへ出て神聖ローマ帝国を築くのであるが、ヴェットシュタイン家も共に赴いたとは後に聞いたことである。

第2章

イチョウの旅路：
日本からヨーロッパへ、そして、ウィーンからボンへ

2・1　ウィーンからボンへ

　前章に述べたように「シュトラスブルガーは、なぜウィーンからギンナンを送ってもらう必要があったのか？」は単純に大きな疑問である。今日ボンからウィーンへは、ふつうケルン・ボン空港からウィーン・シュベヒャート空港へ空路をとるのが普通であろう。距離にしておよそ 620 km である。鉄道を利用すると、およそ9時間は覚悟しなければならない。当時の所要時間は想像に余りあるが、送付を受けていたのである。今日の経路は、例えばボン―フランクフルト―ヴュルツブルク―ウィーンであり、特急 ICE を使っても8時間48分から9時間8分かかり、直行列車もあるが多くは1～3回の乗り換えがある。逆方向もほぼ同様である。

　この疑問を明らかにしたいと思い、2004年10月にウィーン大学植物園を訪問した。ちょうど、その時ウィーンのオーストリア科学アカデミー・バイオセンターであったヨーロッパ分子生物学研究機構（EMBO）メンバーズ会議に出席して、友人のゲント大学のディルク・インゼ（Dirk Inzé）教授と、東京大学医学部 廣川信隆 教授の新メンバーとしての講演を聞いた後に訪れた。108年前にはどの木のギンナンをボンへ送ったかを見たいと思ったからである。植物園訪問で判明したことは、一旦はヨーロッパからは絶滅したイチョウがどのような経緯で導入されたか、また、どのように増やされていったかである。さらに、それは植物の雌雄性解明の歴史に他ならないことも判明した。

　ウィーン大学植物園には面識のある人はいなかったので、バイオセンターのヘリベルト・ヒルト教授（Heribert Hirt）（現在はフランス国立研究所

CNRS と INRA 共同で設立された植物ゲノムセンターで研究を行っている）に紹介を頼むと、ミヒャエル・キーン（Michael Kiehn）博士がよかろうというので彼を訪問した。その場所は、ベルベデーレ宮殿の隣であり、もともとは宮殿の一部であるという風情であった。宮殿の入り口からして左手に細長く伸びている。ベルベデーレ宮殿とは皇太子サヴォイ（Prinz von Savoy）のために設けられた宮殿であった。サヴォイとは、ウィーンがオスマントルコに包囲されたとき、その防御戦に功績のあった王子である。イチョウはすぐわかったが、植物園内のウィーン大学の植物学研究所の裏手であり、当時園長であったフォン・ヴェットシュタイン教授の官舎の隣であり、植物園としては一般公開されていない場所であった。堂々とそびえる巨木であった。

2・2 ウィーン大学のイチョウ

ところが、驚いたことにそれは雄の木であった。読まれる方も怪訝に思われるかもしれないが、私も最初びっくりした。実は、当時ギンナンのなるイチョウはヨーロッパにはほとんどなく、雄の木に雌の枝を接木したところ、その枝にたわわにギンナンがなったということであった。それゆえシュトラスブルガーはこのギンナンを所望したのであった。1930 年代の当時の写真をキーン博士より送っていただいたが、図 2・1 に示されているように、興味深いことには秋になって雄の木からはほとんど葉が落ちているのに、雌の枝にはなお葉が残っている [7]。

この枝は第二次世界大戦の際に、連合軍の爆撃の影響で大部分は失われた。さらに、戦後ブルドーザーでの作業中、誤って残りの枝も完全に失われてしまったとは、キーン博士より伺ったことである。なお、その代りの二代目の雄の木に雌の枝を接木したイチョウが園内に育てられており、そちらは植物園の一般公開部分にあるので、ウィーン大学植物園へ行かれれば普通に見ることができることを付け加える。ところで、植物園の一角では、オーストリアのパノニア地方はローマ時代から開けたので、絶滅に瀕している植物も多く、その保護プロジェクトも行われている。また、挙げたケルナーは、パノ

図 2·1　ウィーン大学のイチョウ
　1930 年頃撮影されたイチョウであるが、ジャッカン（Niklaus von Jacquin）により植えられた雄のイチョウに、雌の枝を接木してそこにギンナンがなった。秋になって雄の方の枝は落葉しているが、雌の枝はなおも葉を残している。なお、この木の雌の枝は第二次世界大戦の戦災によって大きな被害を受け、さらに戦後の事故で失われたが、園内にはその二代目が植えられている。このギンナンが、ヴェットシュタイン（Richard von Wettstein）からボン大学のシュトラスブルガーに 2 週間ごとに送られた。ウィーン大学植物園園長キーン（Michael Kiehn）教授の厚意による。

ニア地方の植物の研究を行い、この地の植物相の解明に大きな貢献をした。

これは、実はヨーロッパにイチョウが再導入されて広まり多くの人々に興味をもたれ、雌雄性もその間に明らかになるという歴史が反映していることがわかった。これは文化史的にも興味あることと思われるので、それをおさらいすることにする。

2・3　ケンペルがイチョウをヨーロッパにもたらした

イチョウをヨーロッパにもたらしたのは、エンゲルベルト・ケンペル (Engelbert Kaempfer) である。ケンペルは帰国に際してイチョウを持ち帰ったが、実際に到着したのは彼のオランダ帰着より3年の後であったと言われている。これは、一旦ジャワで栽培されてからであったためとのことである。ここでケンペルとはどのような人か簡単に述べよう。

ケンペルは北ドイツ リッペ (Lippe) 伯爵領のレムゴー (Lemgo) の聖ニコライ教会牧師ヨハンネス・ケンペル (Johannes Kaempfer) の二男として1651年に生まれた。親族の異端審問に起因して早くに故郷を捨てた。叔父が宗教裁判で処刑されたのである。私の手元にあるカラー版の各町の文化財に詳しい「Knaur版ドイツ文化案内」には、レムゴーの旧跡として著名なウェーゼル・ルネッサンスの代表的建物として「魔女狩り市長の館」がのっている [8]。レムゴーは、ウェーゼル河沿いにあり、その地域でのルネッサンスという意味である。当時の市長コトマン (H. Cothmann) は、1666～1681年の間に90名余を宗教裁判にかけたので、このような名前がついているとのことである。ドイツ30年戦争は1648年のウェストファリア条約で終結したが、なお後遺症が残っている時代であった。

ケンペルは早くにハメルン、リュネベルク、ハンブルク、リュベックへと勉学のために移り、ダンチヒ（現在はポーランド グダニスク）でギムナジウムを修了した。その後クラコフ大学ではマギステルの称号を得、さらに、ケーニヒスベルク大学（当時東プロイセン、現在ロシア領カリーニングラード）、ウプサラ大学（スウェーデン）と訪れ、医学、博物学を修めた。ウプ

サラでは、ルドベッキ（O. Rudbeck）教授とも交流したが、後に分類学の祖カール・リンネ（Carl von Linné）は、ルドベッキの席に座ることになる。いずれにおいても優れた成果を残したとのことである。この間に顕職にあった人々のサインを求め、サイン帳を残していることは、当時はそういったことが慣習であったということであるが、彼の交わりの広さが窺える。

　後に認められて、スウェーデン国王カール11世のペルシャ国王への通商使節団の書記官としてペルシャへ赴いたが、その代表はファブリキウス（M. Fabricius）であり、出発したのは1680年1月であった。目的は、当時のオスマントルコ進出への対抗のためであり、ペルシャとの親交を深めるためであった。途中ロシアを通過するが、モスクワでは若き日のピョートル大帝に会った。なお、彼は11歳で、ケンペルはその端正な姿に感心しているが、未だ盛時の姿は現していない。というのも、病弱の兄イヴァンとの共同統治の時代であったからであり、兄を排して単独で皇帝となって宰相の影響を脱するのは、それから15年後であった。

　モスクワ川を経て、ヴォルガ川を下り、カスピ海からペルシャへ入り、イスファハンを訪れ、面会許可を待って、4か月後にシャーであるスレイマン（Suleiman）に拝謁することができた。待つ時間が長かったのは、シャーの面会は宮廷の占星術師により判断されていたからであり、他の国々の使節も同様であった。しかしながら、ケンペルは副都で漫然と待つのではなく、ちょっとした手違いで命にもかかわるようなアバンチュールも経験して、未知の風土の探検を行った。内密に出かけたので許可証もないのでスルタンに逮捕されたが、こっそり逃げ出した。カスピ海のナフサの源泉を確認した。この間に、それまでは書斎の人であったケンペルは探検家、科学者として変貌を遂げた。また、丹念に日記をつけ、限られた条件の下、素早く地図を作るすべもそこで習得した。六分儀で経緯度を測り、歩幅で距離を測るという、わが万歩先生 伊能忠敬と同じであった。

　結局、通商の目的は達せられなかったが、使節の任務を果たしたのでスウェーデンへ帰ればしかるべき処遇が得られたはずであるが、それは希望せ

ずに未知の国へと旅立った。また、その優れた医術のゆえにグルジアの王子の侍医として働いてほしいという要請もあったが断った。そのため、彼にとって必ずしも満足できる条件ではなかったが、オランダ東インド会社へ雇ってもらうこととした。以下、オランダ東インド会社は、略称の VOC であらわすが、これは Vereenigde Oostindische Compagnie の略で、直訳すれば連合東インド会社である。1602 年に作られた世界最初の資本が集められた会社であり、固有の軍隊を持つオランダ国の中のある種の独立国であった。2 年余、アラビア半島からするとホルムズ海峡を挟んで反対側にある熱暑と瘴癘(しょうれい)の地バンダル・アッバースで過ごしたが、暑さに耐えかね、また健康も害したので避暑のために VOC に断りなしに高地へ出かけたことが、後々まで影響を及ぼした。後に、アレキサンダー大王の事跡を訪ねる希望も持ってインドへ渡った。ところが、インドではコブラの見世物なども、実は毒抜きをしたものであるなどのことが判明してそこでの生活には失望して、セイロン(スリランカ)経由で VOC の本拠地のあるバタヴィアへ渡ったが、到着したのは 1689 年 9 月であった。それまでに示していた医師の腕ゆえに、バタヴィアの病院長には却って妬まれて空いたポストも提供されなかった。

　一方、VOC の総督ヨハンネス・カンプヒュース (Johannes Campheus) との関係は良好で、彼のパトロン的支持を得てその推薦で外科医として 1690 年 5 月に日本へ出発することができた。まず、シャム(タイ)へ到達し、そこで日本へ持っていく貿易品の鹿の毛皮や赤い染料となる木材であるスオウ(蘇芳、または蘇木)などを積み込んだが、そこに滞在するわずか 2 か月の間に、シャムの社会、政治、地理に関する調査を行っている。その直前にフランス人宣教師が、もっと長い期間滞在して調査報告の本を出していたが、それらより興味深い内容で、ショイヒツァー (J. G. Scheuchzer) 訳の「日本誌'The History of Japan'(成立の経緯は第 9 章でふれる)」には、その要約も含まれている。植物の調査をも行っていることは、第 9 章でふれる学名が彼にちなんで付けられたバンウコン (*Kaempheria galanga* L.) があることなどから推測できる。そして年 2 回のモンスーン季の間にある日本への航行に適し

た貿易風を待って、出発したのは 1690 年 7 月末であった。ところが、この年は貿易風が弱く、当初は適風が得られず航海に手間取った。8 月になって中国沿岸沖を北上したが突然暴風雨に襲われた。舵を綱で固定せねばならず、食事もとれず、ひたすら暴風雨に翻弄された。一旦は天候が回復するも、都合三度の暴風雨に襲われた。時期からして、おそらく台風であったろう。積荷も濡れて、一時はバタヴィアへ戻ろうという主張も乗組員の中から強く出たが、ケンペルの持参した資料の中に 9 月になっても日本へ到達できたという記録があったことで、船長も勇気を振り絞って長崎へ向かった。そして、9 月 21 日になって日本に属する島を遠望し、その後五島列島を見て長崎へ入港できたのは 1690 年（元禄 3 年）9 月 25 日であった。

　1692 年 11 月 31 日に帰国するまでに、二度江戸への参府旅行に参加し、将軍徳川綱吉にも拝謁し、その前で唄を歌い、踊って見せた。ボダルト - ベイリー（B. Bodard-Bailey）の「ケンペルと徳川綱吉」[9] によると、それまでは将軍の謁見は短時間であったが、綱吉から種々の質問がなされ、また、彼は「愛の唄」を歌ったが、その全文は「日本誌」に載っている。二度目は重複しないように、前回とは異なってふるまった。ケンペルはまた、綱吉を理想の絶対君主として、尊敬の念を込めて述べている。日本では、犬公方として、総じて評判のよくない綱吉は、ケンペルの目には異なって見えたのであろう。ボダルト - ベイリー女史の解釈は、動物の保護は生命の尊重の現れであり、実際旅行者の介護も行い、孤児への配慮もなされている。学者将軍であった綱吉は、武家に対する特権の掣肘(せいちゅう)のために、武家から犬将軍と呼ばれるようになったという主張をしている。彼の母国ドイツは、30 年戦争の後遺症の時代であったのに対し、元禄日本は太平に浸っている時代であった [10]。

　ケンペルが、バタビアを立ったのは 1693 年の 2 月で、喜望峰経由でオランダへ到着したのは 1693 年 10 月であった。帰国後、旅行の成果を下にしてオランダ・ライデン大学に学位論文を提出し、医学博士号を得た。当時の通例として、博士号取得に際して関係者に宴席を設けてふるまった。その後、

故郷レムゴー近郊のリーメ・シュタインホーフへ帰り、リッペ伯フリードリッヒ・アドルフ（Friedrich Adolph）の侍医となったので、デトモルトへ馬で通った。持参金付きというも、実はその中身は貸付証文であったという若い女性と結婚するが、必ずしも幸福とは言えずに、1716年にその人生を閉じた。死の床に近づいても、なお罵られていたと伝えられている。なお、ケンペルの発表した著述については、イチョウの名前 Ginkgo がどのようにして採用されたかの説明との関わりで、第9章で詳しく述べる。

コラム　デトモルト

　私は1976年にデトモルトへ行く機会があった。その頃のドイツでのボスであるマックス・プランク生物学研究所のゲオルク・メルヒャース（Georg Melchers）教授が自らの出生地を私に見せてくれるためであった。北ドイツへの出張のついでであったが、彼の運転するシトロエンで、デトモルトの他ゲッティンゲン、ブレーメンへ連れて行っていただいた。その近くのリュネブルガー・ハイデの古代墓遺跡（Siebenstein Häuser、直訳すれば七つ石の家遺跡）の事は今でも忘れがたい。そこは、NATO軍の戦車などの射撃場の中にあり、特定の日しか入ることができず、監視廠の遮断機を開けてもらって入った。墓石は数トンの石からなり、スカンジナビアから運ばれてきたとのことで、年代的には4800〜5500年前ということであった。ハイデとは、エリカなどが成育するやや荒地を意味するが、当時まだ、ドイツは東西に分かれており、冷戦の最中で、ここに何々村ありきの標柱があり、NATO軍のためにその村は退去させられたことも知った。その頃、シーボルト（P. F. von Siebold）の事跡はかなりよく知っていたが、ケンペルは未だ深くは知らずにいたので事跡をたどらなかった。機会があれば改めて行きたいと思っている。

2・4 イチョウの拡がり

　ケンペルが日本から持ち帰ったイチョウは、東洋の珍しい植物であるということで珍重され、また、ヨーロッパでは一旦絶滅したので、「生きている化石」としても興味を持たれた。なお、「生きている化石」ということの吟味は次章でもう一度行う。1730年にはオランダ ユトレヒト（Utrecht）植物園にはおよそ20年程度の樹齢のイチョウの鉢植えがあり、冬はオランジェリー（Orangery）で越していたということであった。オランジェリーとは、もともと温暖地からの柑橘類を栽培することでつけられた名前であるが、機能としては温室であり、イギリス王立キュー植物園などで見ることができる。繁殖は挿し木によって行われており、1780年頃にはドイツのカッセル（Kassel）やマンハイム（Mannheim）の植物園にもあったことが記録されているが、それらはオランダより持ち込まれたとのことである。

　また、ザクセン公のドレスデン（Dresden）では、宮廷に樹芸学校があり、そこのザイデル（J. H. Seidel）はドイツ第一の園芸家といわれていたが、研修のために赴いた王立キュー植物園で見たイチョウに感銘を受けて、そこから導入した。私は、1997年にこのキュー植物園のイチョウを見たが、1761年に植えられたということであるので、その時までに236年は経ているという巨木であった。キュー植物園の老木群はオールドライオン（Old Lion）と呼ばれているが、イチョウの老木はその中でも代表格で、イギリスでも記念樹の一つに数えられている。なお、ウィーンへはドレスデンよりもたらされたということであるから、ウィーン大学植物園のイチョウはその子孫かもしれない。ウィーンへは1781年にロンドンの園芸家ロディゲ（C. Loddiges）によってシェーンブリュン宮殿へもたらされたという情報もある。ただ、それらのいずれも鉢植えであり、成育はあまり芳しくなく、雄の木であるか、雌の木のいずれかであった。

　1814年になって、ジュネーブ大学のオーギュスト・デカンドール（Augustin P. de Candolle）がジュネーブ近郊で十分成長した木に雌器官ができていることを見いだし、イチョウは雌雄異株であることを発見した。したがって、

2・4 イチョウの拡がり

ギンナンを得るためには、雌雄両方とも必要であることを示した。そして、雌と同定されたその枝は各地にもたらされた。つまり、ギンナンがたわわになるイチョウはそれまでほとんど知られていなかったのである。なお、シュトラスブルガーの論文によると、彼はウィーン大学の他、ジュネーブからもギンナンを入手していた。

その後イチョウは世界各地に広まり、熱帯圏と寒冷地を除いて世界中で栽培されているが、その概要については第7章で触れる。

ところで、植物においても雌雄異株の場合、性染色体が雌雄性に関わっている場合がある。イチョウの染色体についても、ある程度調べられているので、ここで紹介する。イチョウはすでに述べてきたように雌雄異株である。植物での雌雄異株は植物群によって知られており、その場合性染色体で区別がつくものがある。例えば、カナムグラ(*Humulus japonicus*)、ホップ(*Humulus lupulus*)やナデシコ科のマンテナ(*Melandrium*)、ビランジ(*Silene*)などでは、XY染色体で区別でき、コケ植物スフェロカルプス属(*Sphaerocarpus donellii*)においても知られている。ところが、愛媛大学 日詰雅博 博士の調査によると、これまでのところイチョウでは性による染色体の形態的区別はつかなかったということである。なお、イチョウの染色体数は、1910年に当時の第一高等学校教授 石川光春により $2n = 24$（生殖細胞では 12）と数えられて以来定まっており、一対の大型染色体と 11 対の小型染色体からなる。その数は、マツ科やイヌガヤ科と同じであるが、$2n = 22$ のスギ科、ヒノキ科、イチイ科、ソテツ類とは異なる。また、ナンヨウスギ科は、$2n = 26$ である。このような染色体のタイプはある程度系統関係を反映していると思われる。

コラム　イチョウにおける性転換について

ここでは、イチョウは雌雄異株であり、雄株で花粉が形成され、雌株に飛んできて受粉し、受精し、種子が形成すると述べてきた。ところが、ごくま

れに雄株とされているものが、雌性生殖器官を作ったとか、あるいは雌の株に雄花がついて花粉ができてギンナンがなったという報告がある。この点に関しては、ウィーン大学植物園のイチョウのように雄株に、雌の枝を接木して、ギンナンをならせた場合、あるいはその逆の場合もあり得るが、それらとは区別されなければならない。時には、接木の事実が忘れられる場合もあるからであり、その場合には植物自体がキメラ的な植物個体であり、両性が存在することになる。

　ところが、どのような状況を考えてみても性転換ではないかと思われる場合があることがかねがね指摘されている。最近では、第6章で述べる、身延山の雄のお葉付きイチョウにギンナンがなったというものである。外国でも例がある。アメリカ・バージニア州ボイスにあるブランデー実験農場のイチョウ畑では、1929年から1947年に植えられた600本以上のイチョウはバージニア大学キャンパスの大きな雌のイチョウの木の種子に由来している。20～30年後に生き残った木に関して、それらの性別の判定が行われた。その結果、雌が157本、雄が140本であった。その内、それ以前の調査で雌と判定されていた4本については、雄の部分が多いことが判明した。つまり、部分的に雄の木がギンナンを付け、あるいは雌の木が花粉をつけるのである。不安定な雄が作る花粉により、少数の胚珠が受粉し、受精することはあり得ると言えよう。

　この場合考えられるのは、雄、あるいは雌だけ単独に存在した場合には、結局子孫が作れずに絶えてしまうことがありうるということである。そのような場合に、部分的な性転換があるとすると、それは種の絶滅を阻止する、いわばバックアップないし、フェイルセーフ機構のようにも思われる。ただし、どのような機構でそうなったかの説明はされていない。いずれにせよ、そのようなことが推論できるのは、観察された樹木の履歴が明確である場合に限られ、そうでない場合には議論が成立しえない。

　ここで、少し時代を遡らせていただく。神聖ローマ帝国ハプスブルクの

ウィーンでは、フランツ・ステファン（Franz Stephan）皇帝は、マリア・テレジア（Maria Theresia）の夫君であったが、ニコラウス・フォン・ジャッカン（Nikolaus von Jacquin）をオランダから招聘してウィーン大学植物園の管理をさせるとともに、シェーンブルン宮殿へ珍奇な植物を導入するために、西インド諸島へ派遣した。ジャッカンは、イチョウの成育は根に起因するかもしれないと考え、それが雄のイチョウに雌の若枝を接ぐ動機となった。その際、台木は1800年頃ウィーン大学植物園に植えられた雄のイチョウであり、その継いだ枝にたわわにギンナンがなったということで、それがボンのシュトラスブルガーの下へ送られた。なお、ジャッカンの息フランツ・フォン・ジャッカン（Joseph Franz von Jacquin）も父の後を襲ってウィーン大学植物園長となったが、イチョウに関してゲーテと手紙を交わしている。このように、ウィーンのイチョウになったギンナンには200年を超える歴史があり、シュトラスブルガーはその産物を利用したことになる。

2・5 余波

以上のような経緯をキーン博士より伺ったのは2004年秋であるが、2005年年頭にはキーン博士から次のようなメールをいただいた。2005年には人々はヴォルフガング・モーツァルト（Wolfgang A. Mozart）生誕250年を祝ったが、ジャッカンファミリーはモーツァルトとも親交があったので、セレモニーの一つはこのイチョウの前でも行われたとのことであった。

2011年秋にキーン博士を再度訪問した際には、彼は園長になっていた。訪問すると冒頭に「木材標本」資料を見せられて、それらについて尋ねられた。ところが、私の方は第13章でふれる別な「木製植物画」について質問しようとしていたので偶然の一致に驚いた。というのは、両者とも英語とドイツ語ではそれぞれxylotheque、Xylothekであるので、混乱も交えた驚きであった。しかし、見せられた木材標本は、1871年のウィーン万博に出品されたものであるということで、田中芳男が関係しているであろうと述べたが、果たしてそうであった。ところで、第13章で触れる木製植物画は、加藤竹斎

により制作されたものであるが、上記木材標本とは共通点がある。というのは、加藤竹斎の上司は員外教授 伊藤圭介であるが、信州飯田の出身の田中芳男は名古屋へ出て、伊藤圭介に師事して本草学を学んだ。伊藤圭介が上京を命じられて、蕃書調所（ばんしょしらべしょ）に出仕したときには、ともに上京したのである。田中は主として物産会関係で働き、万国博覧会の多くに参加し、出展と企画に関わった。また、平賀源内以来の物産関係では中心人物として活躍した。なお、田中は林学会にも中心人物として活躍したので、後にそれらの功績で男爵となった。いずれにせよ、その要に伊藤圭介がいるわけで、木材標本も木製植物画もつながっていると言ってよいであろう。

　伊藤圭介は第 11 章にも登場するので、ここで彼の略歴を述べる。彼は 1802 年名古屋生まれで、江戸後期博物学において重きをなした名古屋を中心とする嘗百社（しょうひゃくしゃ）の重要メンバーで、蘭方医学、植物学で活躍した。江戸参府途中のシーボルトと名古屋で面会したが、その学識故に対等に扱われた。後に、長崎にも赴き、シーボルトと交わり、医学、植物学を習った。彼がシーボルトに与えた植物標本帳は現在でもライデンのオランダ国立標本館シーボルト記念室にある。2007 年 5 月 6 日にそれを見ることができたが、茶色の表紙の和綴じの標本帳で、標本に添えてオランダ語と日本語での説明があり、無造作に机の上に置かれていた。一部は切り取られてシーボルトの研究に用いられていることが知られている。なお、ピーター・バース（Pieter Baas）教授の説明では、シーボルト資料の整理は未だ完全にはなされていないものが多いということであった。そして、シーボルトよりチュンベリー（C. P. Thunberg）著の「日本植物誌（Flora Japonica）」を与えられ、訳して「泰西本草名疏」を著してリンネ式植物分類法を初めて日本に紹介したのは、1829 年であった。また、顕微鏡も与えられ、これらは名古屋市東山植物園に展示されている。後、幕府の蕃書調所に出仕したが、一旦名古屋へ帰った。維新後、文部省に命ぜられて上京し、東京大学ができると員外教授として小石川植物園で植物調査に従ったが、その時 75 歳であった。そこでは、東京大学最初の刊行物である「小石川植物園草木目録」を著し、「小石川植物園草木図説」

などを刊行した。後、教授となるも、帝国大学になるとともに非職となったが、名誉教授第一号でもあった。彼は明治初期の外国人の交流点であって、最初の理学博士の一人であり、99歳で亡くなった折には男爵の称号を与えられて、称えられた。

コラム　嘗百社（しょうひゃくしゃ）と赭鞭会（しゃべんかい）

　嘗百社は尾張藩士を同好の士とする本草家のグループであるが、名古屋にはもともと京都の、例えば小野蘭山の影響を受けた人々がいた。その流れの中心人物の一人水谷助六はリンネ式の命名法を導入した最初の人であり、水谷と伊藤圭介らは、江戸参府旅行の途中で会ったシーボルトと、名古屋の宮、すなわち熱田で会った。伊藤圭介は長崎で、植物学、医学を学び、オランダ語で「勾玉記」を書いたレポートをシーボルトに提出した。彼の刊行した「泰西本草名疏」により、リンネ式の命名法は広く知れ渡り、それ以前の李自珍「本草綱目」の植物の配列から脱することとなった。また、その時、雌蘂、雄蘂、花粉は訳語として彼によって与えられた。伊藤圭介を通じて、嘗百社の活動は近代日本の植物科学とつながっている。

　一方、嘗百社と並ぶ赭鞭会は10年ほど遅く始まり、前田利保が富山藩主となった時に始まり、同好の士には大名である筑前福岡藩主　黒田斉清など上級武士が多かった。なお、嘗百社も赭鞭会も、中国の伝説的三皇五帝の一人で、薬、農業の神様である神農氏が、「赭い鞭を振り、百草を嘗めて」、採薬にあたったという故事に因んでの命名である。赭鞭会からは、今日に伝わる素晴らしい図譜が残されている。貝類の図譜「目八譜」であり、武蔵石寿により描かれた。武蔵石寿は、甲府勤番を辞めてのち、隠居してからこの趣味に専念したとのことであり、彼の昆虫標本も東京大学に残っている。また、「蟲譜図説」は飯室昌栩により描かれた。太平の世の武士には余暇があったのである。しかしながら、いつのまにか赭鞭会の活動は低下し、近代科学の伝統には伝わっていない。

第3章

生きている化石としてのイチョウ

3・1 生命の誕生

　イチョウの生物学的位置についてふれる前に、地球上での生命の起源について概略を述べることは以下の話を進めるうえで必要があると考えるので、しばらくご辛抱いただきたい。ビッグバンにより宇宙が誕生し、太陽系が成立してすぐに地球が生まれたのは46億年前頃であり、生命が海に誕生したのは38億年前頃と推定されている。初めは核をもたない原核生物で、その中にはシアノバクテリア（ラン藻）もあった。

　光合成機能をもつシアノバクテリアを取り込んで真核光合成細胞生物が成立し、やがて植物へと進化した。それらはいくつかの藻類であり、海で繁栄した。その間に、シアノバクテリアの行う光合成活動の結果発生した酸素の濃度は大気中に徐々に高まり、オゾン層が形成され地上に降り注ぐ紫外線や宇宙線は避けられるようになった。この痕跡はストロマトライトであり、現在でもオーストラリアなどにみることができるが、先カンブリア時代には世界中にみられた。この名称は層状になった化石の形状に由来する。当初は鉄と結合した層状鉄鉱層として認められたが、初めはその意義がわからなかった。後に、光合成を行ったシアノバクテリアが活動した結果の遺物であり、カルシウムの沈着したものであると判明した。オゾン層形成により、紫外線が遮られて、生物は地上へ上って生活できるようになり、緑藻から車軸藻類となった植物より進化したと考えられるコケ植物が地上へ進出した。その初期の状態は、スコットランドのアバディーン郊外ライニー（Rhynie）チャート化石群に見ることができる。それらは、4億年前の古生代デボン紀の化石で、コケ植物、蘚類、ヒカゲノカズラ類などである。

3・2　クチクラ、気孔、リグニン

　地上へ上がると、海と異なり最も重要な環境要因は水条件であり、いかにして組織内に水分を確保するかが重要である。コケ植物以上では、表層にクチクラとよばれるワックス性の表皮を形成して乾燥に対抗できるようになった。クチクラは地上の植物に共通する表層の覆いであり、そのシール機能は高い。一方、そうなると、生命活動に必要な光合成を行うためにはガス交換を行うことが必要である。このため、表皮にはところどころ小孔が形成され、これを気孔という。ガスとして取り込まれるのはCO_2であり、光合成の結果放出されるのはO_2である。また、呼吸に必要なO_2を取り込むことが必要な場合には、ここを通じて行う。一方、根から取り込まれた水は水蒸気として気中へ出ていくが、その量は吸水した量の99％に相当する。このため、気孔は環境条件に応じて精密な開閉の制御が必要で、水分の過度な喪失を避けるように高度に進化したマイクロマシンとなっている。

　なお、気孔の開閉は、K^+イオンの移動に支配されており、開く際はK^+イオンがイオンチャネルにより気孔の孔辺細胞へ入ることによって起こり、閉じるのは、K^+イオンが孔辺細胞から周囲の表皮細胞へ出ることによって起こる。K^+イオンが入れば細胞の浸透圧が高まって水が流入し、膨圧が高まり、開くのである。水は水ポテンシャルの勾配に従って移動する。なお、孔辺細胞は、構造的に膨圧が高まると開くようになっている。

　植物体が乾燥状態を感知すると、葉で植物ホルモンの一種アブシジン酸を生産し、外向きのK^+イオンチャネルに働くと、K^+イオンが表皮細胞の方へ移動し、その作用で気孔は閉じる。また、このような水ポテンシャルの変化の他、青い光の照射では逆に内向きのイオンチャネルに働くとK^+イオンが孔辺細胞へ移動して開き、CO_2濃度にも応答して開閉する。気孔の開閉は、植物の生存を決定的に支配しているので、この機構は精緻に制御されている。そのような機能はすでにシダ植物には見ることができる。

　もう一つ重要な因子が植物進化の条件であり、それはリグニン化である。

リグニンとはフェノール性化合物の一群であり、フェニルアラニンを前駆体として合成される植物に特有な化合物である。リグニンの物性は疎水性であるので水を撥き、菌類の感染に対して抵抗性を与え、機械的強度も与える。

さらに、リグニンで補強されたセルロース性の細胞壁は強度を増して、上方へ伸びていく植物の機械的支持に働いた。その結果、植物は高さを増して、光合成のための光の捕捉に優越的地位を確保するようになった。また、光合成の余剰産物を上方へのさらなる投資に向けることができ、樹木では 100 m を超えるような植物も現れた。さらに、次に述べるように水の輸送にも重要な関わりを持つ。これは、シダ植物にはすでに見ることができ、中生代に繁栄した木性シダであり、それらの遺物が石炭である。さらに、裸子植物になると、その高さは一層増し、北アメリカの球果類セコイアメスギ (*Sequoia sempervirens*) では、100 m を超えるものがあり、ジャイアントセコイア (*Sequoiadendron giganteum*) も高くなる。また、オーストラリアに分布する被子植物のユーカリ (*Eucalyptus spp.*) の中にも 100 m 近くになるものがある。

3・3　水の輸送

ここで重要となるのは、植物体への水の供給と輸送である。上記 100 m を超える樹木では、どのようにして根から取り込まれた水が、植物の葉の先端まで達するのであろうか？　植物の根から取り込まれた水は、道管（裸子植物では仮道管）を通して上昇し、葉の気孔から蒸散して大気中へ飛散する。この際、まず葉の気孔で蒸散が起こると、水の熱力学的性質に起因した物理量である水ポテンシャルの勾配に従って、水は移動する。維管束中の道管では、水分子の凝集力によって水は引き上げられる。その結果、道管中には大きな陰圧がかかることになり、その陰圧を支えるために道管は高い強度を持つ必要がある。すなわち、道管内は真空に近い状態になるが、それを支えるためにリグニン化は大きく貢献する。実際、実験的にも水の移動は枝の先端から起こり、やがて幹がそれを追うことが観測されている。また、その陰圧も精密に測定されており、水の上昇が起こると陰圧のために樹の幹は収縮す

るほどである。また、何らかの要因で水の流れが途絶えると、植物は枯死に至る。これはエンボリズムと呼ばれる。これらの機能を果たす道管は、幹の内側に分布している。なお、光合成産物の移動は幹の外側に位置する師管を通して下降するが、そちらの方は特に力学的強度を必要としない。

特に注目に値するのは、道管を通しての水の上昇が熱力学的原理によっておこることであり、蒸散が起こって、道管に十分強度があれば水は上昇する。このプロセスが熱力学的原理に従っていることは、図3・1に示されるように、蒸散が起これば水を吸い上げることで直観的にも理解できよう。この際、水の蒸散により気化熱が奪われるので冷却効果があり、炎天下でも植物が成育できる要因はここにある。屋上緑化で建物を冷却するという発想も同様である。また、植物は地球の水循環に重要であり、蒸散した水蒸気は雨となって地上に落ち、川となって流れ、海にそそぐというように水は循環していく。

この原理は、植物の地上での繁栄に大きく貢献し、裸子植物である球果類（針葉樹）も、また被子植物である広葉樹も樹高を高め、100 mにも達して光エネルギーの獲得に有利に働いたと言えよう。より高くなるとともに、

図3・1 水の移動
古典的実験であるが、右では枝を管につなぎ、その下の水から水銀柱につながる。一方、左は素焼きの陶器を葉の代わりにつないでいる。この場合でも、素焼きの陶器の表面で蒸発が起こると水は吸い上げられる。すなわち、蒸発により水を引き上げる力が物理的に生じていることが理解できる。右は蒸散であり、これを学問的には、水ポテンシャルの勾配に従って水は移動すると表現するが、この簡単な実験はその背景を良く示している。

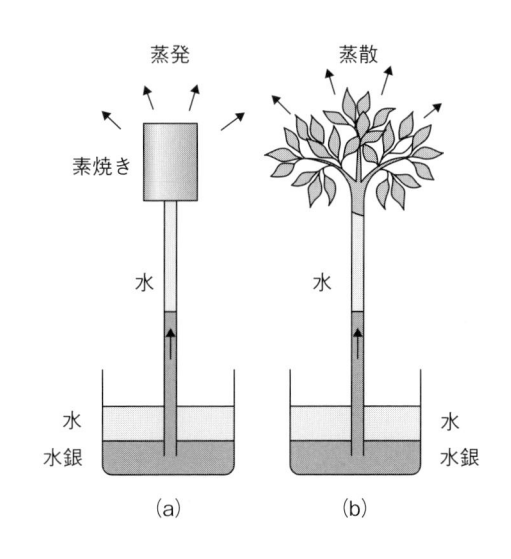

光獲得により有利になっていったということができる。理論的には、樹高は150 m くらいまでは達しうると予想されるが、これまでに観測された限りでは、セコイアメスギの 124 m が最高である。クチクラ、気孔、リグニン化とその結果として水の上昇で植物が地上で繁栄する基本原理を挙げたが、もう一つ重要な因子がある。それは次に述べる種子形成である。

3・4　種子形成

種子形成は地上での繁栄につながった重要な形質である。種子の特徴は、胞子の場合と異なり、発芽すれば確実に植物体になる。また、種子には養分として、糖、タンパク質、脂質が蓄えられているので、幼植物に達するまでの養分はそれでまかなわれる。この機構の獲得により、種子植物が発芽して、生存繁殖する確率は飛躍的に高まった。ここで、植物の生活環を見てみるために概観を示す（図3・2）。種子形成のためには、それまで見られた胞子形成に際して、大胞子、小胞子の差異が生じてきた。図に示すように、胞子体から生じる胞子に大小化が生じ、その両者の合体により配偶子接合が起こる。シダ植物以下では、小胞子から精子が形成され、水中を泳いで、大胞子から生じる卵細胞に達する。泳ぐには水が必要であるが、コケ植物、シダ植物では、雨などの水分が与えられることにより、精子は泳いで卵細胞へ到達して受精が成立する。ところが、種子植物（裸子、被子植物）では、花粉が形成され、飛散して、大胞子から形成された雌性細胞に達し、精細胞が卵細胞と合体して受精が起こるのである。このことにより、受精の確率が飛躍的に高まった。そして、種子が形成されると、発芽すれば確実に植物体になる。

以上、地上に上った植物の基本的な特徴の要約を行ったが、図3・6 にも示されるように、陸上へ植物が上がり、維管束が形成され、種子が形成されたことが植物の進化・繁栄の主要因であったことが理解できる [11]。その前提で、ここで一人の植物学者に登場していただく。それは、19 世紀のドイツの植物学者ウィルヘルム・ホフマイスター（Wilhelm Hofmeister）(1824-1877)である。ホフマイスターは、図3・2 の植物の生殖サイクルにおいて、上記の

3・4 種子形成

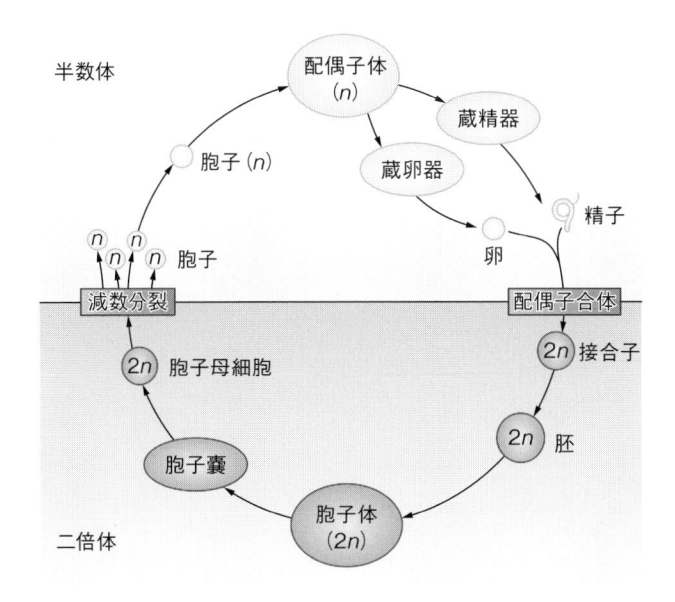

図 3・2 植物生活環
植物の生活環を模式的に示した。胞子は、胞子母細胞（2n）より減数分裂により形成され、半数性（n）である。胞子はやがて、配偶子体を形成し、それぞれ卵細胞と精子を作る。海から始まった生命体では、当初精子が泳いで卵細胞に到達して受精する。種子植物では、基本的に精子を形成しないが、例外的にイチョウとソテツでは精子を形成する。このきわめて例外的な現象を平瀬と池野は発見したのである。なお、生活環における倍数世代と半数世代の占める比重は生物の進化と共に変わり、高等植物では半数世代は胞子体に埋没しているかのごときである。これは世代交代と呼ばれ、ホフマイスター（W. Hofmeister）により確立された。

受精様式の変化に伴い、胞子体と配偶子体の関係が下等植物から高等植物に向けて質的な変化が生じていることを明らかにした人である。すなわち、「世代の交代」である。ホフマイスターの慧眼は、このような世代の交代の転換を多くの植物での例からの帰結として行ったもので、その機構についての深い理解によるものであった。このような過程を経て、彼は1851年に重要な発言を行っている。すなわち、「種子を形成するようになった裸子植物の中

には、ひょっとしたら花粉を形成し、卵細胞へ到達するが、最後の瞬間に精子が形成されるような植物があるのではないか」というものである。それから、45年後にイチョウ、ソテツに精子が発見されたのである。実際、ソテツの形態は、シダと球果類との中間的であると古くから言われてきたが、イチョウもそうであったということができる [12]。

イチョウの場合、海で始まった生命の記憶を、もはや精子を形成する必要が無くなってしまった種子植物でありながら、最後の瞬間に、それこそ海の記憶を思い出すかのように一瞬だけ精子を形成するということから、まさに「生きている化石」と呼べるだろう。ソテツの場合もそうである。そういった意味で、イチョウとソテツにおける「生きている化石」という表現は、特別な意味があるといえる。

3・5 イチョウの諸形質

これまで、イチョウの精子発見に焦点を合わせて急ぎすぎたかもしれないので、ここでイチョウという植物にはどのような特徴があるかの概略をまとめる。イチョウで特徴的なのは、まず、その扇形の葉であり、このような形状の葉は他には見られない。前章ですでに述べたように、この植物を最初に見た西洋人であるケンペルは、クジャクシダ様の葉としたが、それは乙女の髪のようなという意味も含んでいる。これは組織の構造を反映しており、葉柄の維管束の走り方を見ると、葉の方向へ向かって葉の右か、左へと走っていき、両者が交錯することはほとんどない。それが扇形に反映されているのである。また、これは、構造的に二叉分枝を反映しているということもできるが、第6章で触れるオチョコバイチョウの形成機構とも関係する。ところが、われわれが普通に見る、例えばサクラの葉を例に取って見ても、維管束は網状に走り、分かれるとともに、結合をくり返している。

その葉が行うのは光合成で、植物の行う光合成に地球上のすべての生物が依存し、その際放出される酸素によりオゾン層が形成されて、生物は地上へ上がることができたことはこの章の初めに述べた通りである。これらの葉の

植物体への付き方にも特徴がある。多くの葉が付くのは短枝であり、短枝に集中して見られる。なお、短枝、長枝は、イチョウだけの特徴ではなく、他の植物であるマツ類、カツラ（*Cercidiphyllum sp.*）などでも見られるが、主軸の構築と枝との分業の結果生じたと考えられている。冬に落葉して裸になったイチョウが、ゴツゴツした形状に見られることは、この短枝の存在に由来している。一方、植物の全体の形状を決めることに関わるのは長枝であり、春先もっぱら枝や幹として伸びるのは長枝である。なお、イチョウの葉は間に切れ込みがあるのが特徴であるが、短枝に付く葉と長枝に付く葉では切れ込みの程度が異なり、短枝の方が浅く、長枝の方が深い傾向にあると観察されている。

秋になるとイチョウの葉は黄葉となり、いっせいに落葉する。多くの植物の葉は、一般的に堆肥として用いられ肥料となるが、イチョウの葉は腐朽されにくく、肥料には不適当であるとされている。その理由は、葉の表層のクチクラのワックス性の覆いが腐朽しにくいからである。これは第5章で述べるようにイチョウの化石として葉が多く見られることの理由であると考えられる。

イチョウは樹木として成長し、高いものでは20 mを超える。これは本章の初めにも触れたように、植物がリグニンを獲得したことにより木化し、それにより樹高を高めることができたからである。その結果、光合成に有利に作用して、中生代に繁栄した。そして、形成される材は、形成層を境に表層は師部で、内側は木部であることは、他の樹木と同様である。材の質は他の球果類と同じ軟材であるが、狂いがなく、加工しやすいことが特徴である。これについては、第6章で触れる。

3・6　ソテツ

3・6・1　ソテツでの精子発見

これまで、ソテツの精子発見についてはほとんど触れなかったので、その経緯について触れる。ソテツの精子は、1896年に池野成一郎により発見さ

れた。池野と平瀬の関係については次章で触れるが、ここでは、池野のソテツ発見の経緯の概要を述べる。平瀬のイチョウ精子発見後、池野はソテツで精子を発見するのであるが、当時十分に成長したソテツを調査するためには、九州へ行く必要があった。それで、池野は、鉄道のあるところは乗り継いで、無いところは、船便、人力車で鹿児島へ赴いて、精子の同定に至った。開花の時期は夏で、受精の時期は秋ということで、この年は、二度鹿児島へ赴いた。なお、遠隔地であったため、固定標本を東京へ持ち帰って、顕微鏡観察で精子と判断した。池野の論文は、「植物学雑誌」に平瀬より1か月遅れて出た。また、「ドイツ植物中央紙（Botanisches Centralblatt）」へも発表されたが、こちらは平瀬のものより早く出た。詳しい論文は、独文で東京帝国大学理学部紀要へ出された。なお、池野の調べた鹿児島のソテツの子孫は、東京大学附属植物園へ導入され、正門入口の左側に植えられている（図3·3）。温暖地の植物であるので、冬場は藁の覆いが掛けられ、植物園における冬の風物詩となっている。

図3·3 小石川植物園のソテツ
　1896年に池野成一郎は、鹿児島市へ赴いて、そこのソテツで精子を発見した。写真の木は、その株を分けたものを分与してもらって、小石川植物園に移植したものである。

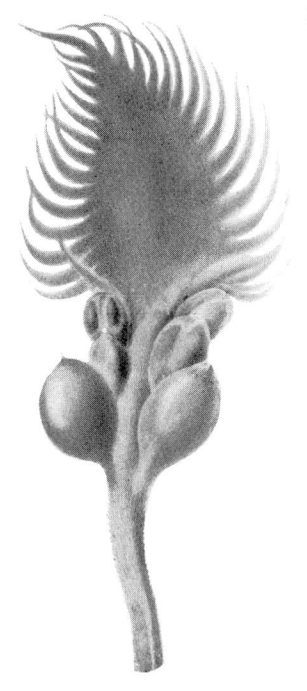

図 3・4　ソテツの大胞子嚢
ソテツ（*Cycas revoluta*）の大胞子嚢はシダの胞子嚢によく似ていることから、ソテツはシダに近縁であるといわれてきた。池野成一郎「植物系統学」より。

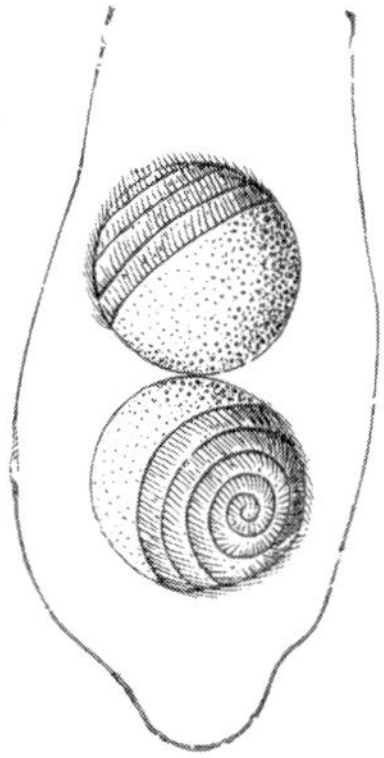

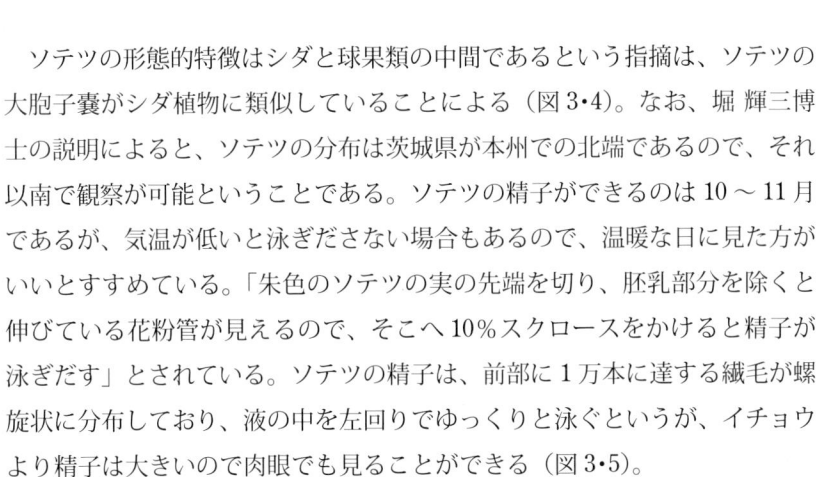

図 3・5　ソテツの精子
池野成一郎「植物系統学」より

　ソテツの形態的特徴はシダと球果類の中間であるという指摘は、ソテツの大胞子嚢がシダ植物に類似していることによる（図 3・4）。なお、堀 輝三博士の説明によると、ソテツの分布は茨城県が本州での北端であるので、それ以南で観察が可能ということである。ソテツの精子ができるのは 10 〜 11 月であるが、気温が低いと泳ぎださない場合もあるので、温暖な日に見た方がいいとすすめている。「朱色のソテツの実の先端を切り、胚乳部分を除くと伸びている花粉管が見えるので、そこへ 10% スクロースをかけると精子が泳ぎだす」とされている。ソテツの精子は、前部に 1 万本に達する繊毛が螺旋状に分布しており、液の中を左回りでゆっくりと泳ぐというが、イチョウより精子は大きいので肉眼でも見ることができる（図 3・5）。

　ところが、平瀬の発見も池野の発見も、直ちには欧米の研究者には受け入れられなかった。翌年の 1897 年（明治 30 年）になって、ソテツの仲間のザ

ミア（*Zamia floridana*）でアメリカの研究者ウェッバー（H. J. Webber）が確認して、初めて世界的に認められるようになったと伝えられている。ザミアの仲間は、アメリカ大陸に広く分布しているが、精子のサイズは大きく、1 mm に達するものも知られており、特にディオーン（*Dioon spp.*）の精子は、長さ 6 mm、幅 0.5 mm に達するということである [14]。

3・6・2　ソテツ類の系統

ソテツ（*Cycas revoluta*）は日本から東南アジアに分布しているが、ソテツ科植物はアメリカ大陸などにも広く分布しており、ザミア（*Zamia*）、マクロザミア（*Macrozamia*）、ディオーン（*Dioon*）、スタンゲリア（*Stangeria*）、ケラトザミア（*Ceratozamia*）などがある。アフリカにも、エンケルファラルトス（*Encerphalartos*）が知られており、世界中では 20 属知られている。1896 年に池野成一郎がソテツで精子を発見した翌年、ウェッバー（H. J. Webber）がザミアで精子を確認して以降、他のソテツ科植物でも精子を形成することが広く認められるようになった。

ソテツと他植物との関係をクラジスティックス（分岐分類：その意味は第 5 章参照）により図 3・6 に示す。ホフマイスター（W. Hofmeister）が、もしかしたら、裸子植物の一部に精子を形成するものがあるかもしれないといった根拠はソテツの大胞子嚢がシダによく似ていることによるが、むしろ見つけにくいイチョウの方で先に精子が見つかりソテツで追認することとなった [13、14]。

なお、イチョウとソテツに精子が発見されたことの意義は、植物化石発見により補強された。それはヨーロッパ、北アメリカの夾炭層（石炭層を挟む地層）ではシダ状の化石が発見されていたが、その分類上の位置は不明であった。葉の裏側にまったく胞子が見られないものがあり、シダではないということで古生物学者は困惑していた。1903 年イギリスのオリバー（F. W. Oliver）とスコット（D. H. Scott）が、これはシダではなく、シダと現生の種子植物の中間に位置するソテツシダ目（Cycadofilicales）あるいはシダ種

3・7　その他の「生きている化石」

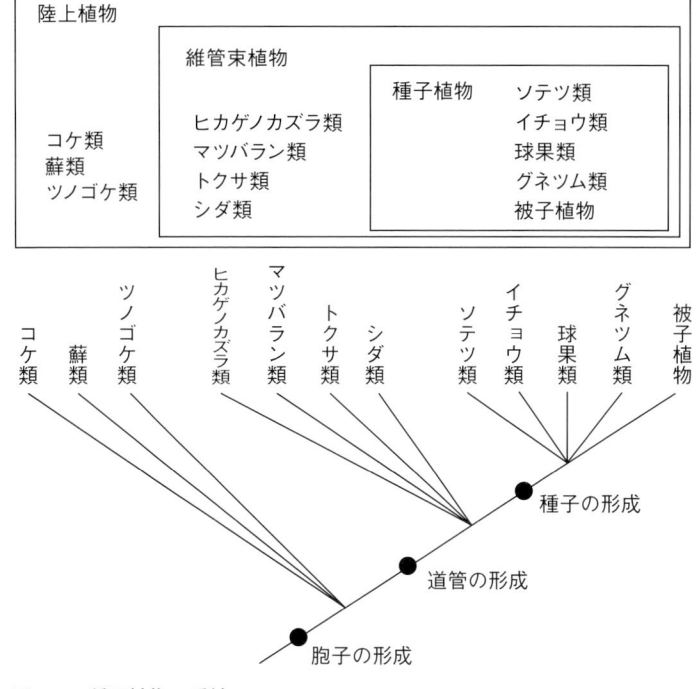

図3・6　種子植物の系統
地上に上った植物の系統関係を示す。「胞子の形成」、「維管束の形成」、「種子の形成」が植物進化の重要なイベントであることを示し、それによって植物群の繁栄がもたらされた。ソテツ類、イチョウ、球果類、グネツム類が裸子植物を構成し、そこから被子植物が進化した。

子植物であることを示して、その位置が明らかになった。これは化石上のシダと種子植物をつなぐものであるが、イチョウやソテツの精子形成は種子植物側に見られるシダ植物の痕跡であるということができる。

3・7　その他の「生きている化石」

3・7・1　メタセコイア

「生きている化石」と呼ばれるものはほかにもある。例えばメタセコイア（*Metasequoia glyptostroboides*）である。京都大学、大阪学芸大学（現在大阪

教育大学）を経て、大阪市立大学教授となった三木 茂博士は、京都の水草研究から始めて「山城水草誌」を発表し、その後岐阜県多治見市土岐陶土層や和歌山県橋本では粘土層や亜炭層に植物化石のあることがあることに気づき、まず粘土をアルカリ処理して植物化石を得た。その結果、上記地方の新第三紀鮮新世の陶土層から出る球果類化石が落葉性であり、球果の様子、小枝に葉が二列に二枚ずつ向かい合って並んでいる特徴を示していた。これは、セコイア（*Sequoia spp.*）ともヌマスギ（ラクウショウ）（*Taxodium distichum*）とも異なるので、独立な新属を立て、メタセコイアとして1941年に日本植物学輯報（しゅうほう）(Japanese Journal of Botany)に発表した。ただし、この67ページの論文の大部分は今や日本にはない三葉性のオオミツバマツ（*Pinus trifolia* Miki）の報告のためであり、わずか3ページがメタセコイアにあてられていただけである。それは戦争の行方により、研究が続けられるかどうかの不安を抱いていた三木の心情が反映しており、後にそれほど反響を得られるとは予想していなかったと回想している。なお、戦時下であったのでこの情報は世界には広まらなかったが、中国大陸に何度か出かけていたので、中国の研究者には届いた。

　メタセコイアの化石については第5章でも触れるが、三木の研究によってその出現と消長は比較的よくわかっているので、ここで概観を述べる。メタセコイアの出現が認められるのは中生代白亜紀からであり、新生代暁新世には北アメリカ、アジアに分布し、地球の温暖化により高緯度地方にも広がった。例えば、カナダの北極圏のアクセル・ハイベルグ島では、4500万年前（古第三紀始新世）の森林の跡が発見されている。その後、寒冷化に伴って成育地は狭まり、中緯度地方に限られてしまった。新生代漸新世—中新世（3600万年～500万年）には、アラスカ—北アメリカ西部の太平洋沿岸に沿う地帯や、カムチャッカ半島から中国南部にも見られ、中央アジアにも広がっている。その後、寒冷化が進むとともに成育地は限定され、鮮新世（500万年前）には、主として日本に限定される。ところが、現生種が認められる中国大陸ではほとんど化石が認められない。その理由は、中国にはほとんど鮮新世の

地層がないことによると思われる。日本では、第四紀（259万年前以降）にも、日本には広く生育し、三木が詳細に研究を行ったいわゆる大阪層群ではありふれた植物として認められており、このため三木は、これをメタセコイア植物群と呼んだ（地質年代の名称は図5・2参照）。その時代、背丈の低いアケボノゾウが日本には成育しており、滋賀県野洲川河川敷の地層からは、メタセコイアの林にこれら背丈の低いゾウの足跡が認められている。ところが、80万年前を境にメタセコイアは急に消えてしまう。

> **コラム　アケボノゾウ**
>
> 　寒冷化の時代は海面が低く、日本列島が大陸と陸続きであった時代にゾウが大陸からやってきたが、それは現存のアジアゾウやアフリカゾウと異なり、今や絶えてしまったステゴドンゾウの仲間であるツダンスキーゾウあるいはコウガゾウであり、450万年前から360万年前のことであろうと推定されている。そして、渡ってくるとそこからミエゾウが成立し、やがてアケボノゾウへと分化していった。この間にゾウの背丈は徐々に低下し、島嶼へ行くと小型化するという原則に当てはまっている。そのアケボノゾウの化石は日本各地で発掘されているが、特に琵琶湖の周辺では直径1mもの巨大なメタセコイアの森林が繁り、古琵琶湖に流れ込む野洲川、日野川、愛知川、および対岸の安曇川では、その森林の中をアケボノゾウやシカなどが闊歩していたことが足跡の化石からわかる。なお、ずっと後の15,000年前まで生息していたと考えられているナウマンゾウは、アジアゾウと近縁と考えられているので、アケボノゾウとは別系統である。（化石は語る、高橋啓一、八坂書房（2008）より）[73]

ところが、1944年に中国四川省磨刀渓の小祠の脇で生きている植物が発見され、三木の論文を知っていた中国科学院 胡 先驌博士らによりメタセコイアと同定されたが、それは1946年であった。三木博士は胡博士とも親交

があり、彼の論文は胡博士にも届いたのである。なお、磨刀渓は、現在の行政区分上は湖北省に属している。著者は三木博士にお目にかかったことはないが、その三男隆氏とは、かつて千葉市にあった植物ウイルス研究所でお話したことがある。その種子はアメリカ・カリフォルニア大学バークレー校のチェイニー（R. W. Chaney）博士により採集され、世界中に配布された。それらは日本でも大きく育っており、今日あちこちで大きく育ったメタセコイアを見ることができる。東京大学附属植物園の正門を入って正面のものは、その時日本へ入ってきた第一号であり、左手 100 m には、メタセコイアの林がある。木村陽二郎博士は、これに和名としてアケボノスギを与えたが、英名の Dawn redwood とほぼ同義である。また、昭和天皇も愛したということである。なお、メタセコイアのメタは、セコイアから派生した関連植物というような意味であるが、Dawn もアケボノも"原始的な"という意味合いであり、木村博士はアケボノという名前を Dawn とは独立につけたということである。これらの経緯は、「メタセコイア」[15] に詳しい。

3・7・2　コウヤマキ

　幕末に日本へきた VOC（オランダ東インド会社）の医官シーボルト（Philip Franz von Siebold）は、コウヤマキ（*Sciadopitys verticillata*）を見て大変感激した。というのは、コウヤマキはヨーロッパではそのころまでに化石として出ることが知られていたからである。すなわち、「生きている化石」の一つであり、日本固有の植物であり、ヒバと並んで属レベルでも固有植物である。これについては、第 5 章で再度触れられる。なお、シーボルトについては多くの邦書があるので、ここではその一冊を示して詳細はそちらへ譲る（板沢武雄：シーボルト、吉川弘文館、1988）[72]。コウヤマキの分布にはきわめて特徴があり、連続ではなく飛び飛びである。分布地は、① 木曽（木曽の五木の一つに数えられている）、三河、② 高野山を含む紀和山地、③ 土佐、④ 日向尾鈴山、そのほか、広島県恵下谷、京都府芦生京都大学演習林、新潟・福島県境と飛んでいる。特に、木曽から福島県まで途切れるのはフォッサマ

3・7　その他の「生きている化石」

グナと関係があり、第三紀中新世（1000〜2000万年前）に海であったことにより分断されたのではと、「日本固有の植物」[16]に述べられている。

　もう一つ興味ある点は、古墳時代の古墳から出土する木棺にコウヤマキの材が使われていることが多いことであり、考古学のもたらしてくれる知見であるが、巨木をくりぬいて割竹形、舟形木棺が作られた。特に、西日本では圧倒的にコウヤマキが用いられていることは、その頃の分布を反映しているかもしれない。なお、「日本書紀」の第一巻の素戔嗚尊の項において、一書に曰くとして、杉、檜、楠各種樹木の用途に触れている中で、「柀は以てうつしみ蒼生の奥津棄戸にもち臥さむ具にすべし」は、これを反映していよう。

　さらに、興味深いことは、この木が現在成育していない朝鮮半島の百済の武寧王墓の木棺にも認められていることである。武寧王の墳墓は1971年に韓国忠清南道公州市において発掘されたが、その豪華な副葬品もさることながら、墓碑石が発見されており、6世紀の生没年が特定できる多くない例の一つである。没年は523年であり、その後に王妃も追葬されたものであった。墓碑石には「寧東大将軍百済斯麻王年62歳」とあり、武寧王の諱斯麻は、佐賀県唐津市鎮西町の各羅島（加唐島）で生まれた故に斯麻というと日本書紀に記載されていることであるが、雄略天皇の時代の項に嶋君の誕生説話を載せ、武烈天皇の項にも登場する。また、継体天皇の項には武寧王の死没の記事を載せている。

　当時百済は高句麗と争っていて、日本とは連携して対抗しており、武寧王が日本とは縁が深いことからすると、日本から運ばれた可能性は高いであろう。なお、説としては、かつて朝鮮半島にもコウヤマキは成育していて、それを利用したのかもしれないという論があるとともに、コウヤマキは済州島に成育していることが知られているので、それらが利用された可能性も否定できないかもしれない。ちょうどその頃、済州島は百済の版図に入ったばかりで、耽羅と呼ばれていた。いずれにせよ、興味をそそられる話である[17]。

　さらに、この木は火除けになるとも言われており、関東大震災の後の内務省で行った調査の報告にも記されているが、その他に挙げられている木は、

サンゴジュ、イチョウである。イチョウについては第6章でふれる。また、高野山では、1880年に持明院は焼けたが、その隣の不動院は焼けなかったのは間にコウヤマキがあったからと説明されている。その後も、正智院が焼けたが、隣の西禅院、宝蔵院が焼けなかったのも同様な理由であるということである。さらに、水にも強く、元禄年間にできた千住大橋の橋げたが、明治になって洪水で壊れたので、東京大学で調べたところコウヤマキと判明した。棺にせよ、橋桁にせよ耐久性が優れていることがその背景にあり、今日でも風呂桶の最高級品はコウヤマキであるとされている。いずれにしても不思議な木であるが、葉の構造にも原始的な形態を留めており、2本の維管束が癒着したような構造を示している。

3・7・3 改めて生きている化石とは

「生きている化石」という言い方は、チャールズ・ダーウィン（Charles Darwin）に発する。シーラカンス（脊椎動物）や、カブトガニ（節足動物）、ウミユリ（棘皮動物）、オウムガイ（軟体動物）、モースの研究材料であったシャミセンガイ（腕足動物）は、中生代以来その姿を変えていないことから、彼は「生きている化石」と呼んだ。しかしながら、古生物学者は、形態的同一性が機能的同一性を示しているかどうかの判断には慎重である。ウェールズ大学の古生物学者ダイアン・エドワーズ（Dianne Edwards）は、車のモデルチェンジを例にとって、例えばフォルクスヴァーゲンのカブトムシ（ビートル）あるいはMiniは、表面的形態は最初に登場した時からそれほど変化していないが、内部は著しく変化を遂げており、特に電子機器の装着はまったく異なっていることの喩を用いており、そのような点の考慮も必要であると述べている。

コラム　生きている化石

生きている化石（Living fossil）という言葉を最初に使ったのは、ダーウィ

ン（C. Darwin）であるが、カモノハシ、ハイギョなどに対してである。それをより明確に区分けしたのは古生物学者シンプソン（G. G. Simpson）であり、五つの群に分けた。

①数量的遺存種：かつて多かったが現在少数しか生き延びていないもの。ゾウ、バイソンなど。②地理的遺存種：かつて広く分布していたのが、生息地が制限されたもの。メタセコイア、カツラ、コウヤマキ、イチョウ。③系統的遺存種：太古からの姿がそのまま残っているもの。シャミセンガイ、ゴキブリ、カブトガニ、シーラカンス、カモノハシ、ハイギョ。④分類的遺存種：近縁種が少なくなっているもの。サイ、バク。⑤環境的遺存種：新しい環境で遺存しているもの。カスピ海のニシン、バイカルアザラシなどは、元々海産性のものが環境変化に適応して淡水に生息している。

この区分でいうと、イチョウは地理的遺存種であり、カツラ、コウヤマキ、メタセコイアもこのグループに入る。最近シーラカンスのゲノムが決定され、他の生物よりゲノム的にも進化速度が遅かったという結果は、形態の他に機能についてもある程度の示唆を与えるかもしれない。

第4章

平瀬作五郎と池野成一郎の肖像

4・1 イチョウ発見に関わる群像

　イチョウの精子は平瀬作五郎により発見されたが、彼の出仕、進退はかなり特異であるので、従来からあれこれ説かれてきた。その実像を探ることは重要と考えるので、ここに取り上げるが、そこには多くの人々が関わっている。特に東京大学植物学教室の関係者が多く関わるので、それらを追求したところ、明治初期の多くの人々の特異な群像とそれらの交錯が浮き彫りになってきた。また、平瀬とソテツの精子発見者の池野成一郎との関係、さらに両者の役割も明瞭にする必要があると考える。まずは、平瀬の略歴から入ることにする。

4・2 平瀬作五郎

　平瀬作五郎は、徳川幕府においては御三家に次ぐ家格である、福井藩の中級藩士の子弟として生まれた。幕末において藩主 松平慶永（春嶽）は、公武合体をはじめ、多くの局面でキーマンとして活躍し、明治政府では議定・民部卿・大蔵卿を歴任した。1858年生まれの平瀬は、福井藩に近代化の為に設けられた藩校に入学したが、後にそれは中学校となった。1872年にそこを卒業したが、図画の才を認められて、学校の教授助手として採用された。その後、上京し山田成章の画塾で写実派洋画を勉強した。

　ここで、当時の美術・工芸高等教育の概況の中で、平瀬を見てみる。平瀬が学んだ山田成章とは、高橋由一の画塾「天絵学舎」を出た人である。今日、高橋由一は日本油絵の初期の貢献者として評価されるようになっているが、天絵学舎を官学にという希望はかなえられず、当時の主流からは外れ

4・2 平瀬作五郎

た。1887 年東京美術学校がフェノロサ（E. F. Fenollosa）と岡倉天心の二人三脚で発足したとき、狩野芳崖らの日本画が中心で、洋画は排除されていたからである。そして、洋画は黒田清輝（黒田清隆の息で、最初法律の勉強のために渡仏するが、洋画に転向した）らが帰国して以降に、初めて洋画科が設けられて始まった [18]。この点平瀬の活動は、1875 年から 1883 年まで存在した工部美術学校の方向に近い。しかし、この学校はフォンタネージ（A. Fontanesi）、カペレッティ（G. V. Cappelletti）、ラグサ（V. Ragusa）の三人をイタリアより招聘して、絵画、建築、彫刻を行うべく始められたが、フォンタネージらが帰国して後、廃校になってしまい、建築関係のみ工部大学校（後の東京大学工学部）へ取り込まれた。しかし、その卒業生の小山正太郎らが洋画を広めるべく、明治美術会を組織した。そこに平瀬が参加したのは、十分理解できることである。しかし、この動向と平瀬のそれが具体的にどのように関わっているかは明らでない点が多い。

そして、山田成章の画塾の後、1877 年（明治 10 年）に、岐阜県中学校の図画教員として勤務したが、師範学校の教員も兼務した。後に、両者は合併して華陽学校となったが、農学校も設立された。この間、校名は何度も変遷を遂げ、また、平瀬の職種も何度か変わった。同時並行で、平瀬は図画の教科書を複数刊行しているが、これは明治から大正にかけて版を重ねた本であった。

1887 年、岐阜県の学校は退職して上京し、上記明治美術会に属して活動した。1888 年（明治 21 年）には帝国大学理科大学に画工として採用され、後に技手となり、1890 年には助手となった。ただその時の給与は、岐阜時代に比べて 3 割減であったということである。そして、イチョウの研究を始めたのは 1893 年であり、1896 年に小石川植物園の大イチョウで精子を発見した。1 月に精子を観察するも、静止像であったので、改めて動く精子を 9 月 9 日に観察し、植物学会の例会で、二度にわたって発表した。これに関して、平瀬は謙虚にも「自分は子供のころから木登りが上手で、植物園の大イチョウへ簡単に上ることができ、日本剃刀をよく研いで観察用の切片を作る

第 4 章　平瀬作五郎と池野成一郎の肖像

図 4・1　平瀬作五郎
白衣を着て研究を行っているが、この写真は平瀬が1897年に東京帝国大学を辞め、彦根中学校へ移った時代のものである。（佐藤征弥博士提供）。

ことができた」と後に述べている。ところが、この世界的な大発見にも拘わらず、1897年（明治30年）9月には退職して、滋賀県彦根中学校の教諭心得となった（図4・1）。さらにその後、1905年臨済宗妙心寺派の花園中学校へ移り、1924年まで勤めた。この時期和歌山県田辺にいた南方熊楠と交流があった。また、大阪大学教養部の前身である旧制大阪高校の講師としても働いた。この間、1912年（明治45年）には、帝国学士院より与えられた第二回学士院恩賜賞を池野成一郎と共に受け、大いなる栄誉に浴した。亡くなったのは1925年である。

　ここで、出てくる大きな疑問は、平瀬はなぜ帝国大学で働くようになったか？　また、なぜ、イチョウ精子発見という世界的な大発見をしたにもかかわらず、発見の翌年には帝国大学を辞して、彦根中学校の教員となっていったかである。これらの点を追跡しているうちに、それらを理解するには、内

藤誠太郎、矢田部良吉、橋 是清、森 有礼の動向の解明が重要であるという強い感触が得られた。それらを以下に説明する。

4・3　内藤誠太郎、矢田部良吉、橋 是清、森 有礼

　この四者のうち、特に、内藤誠太郎が解答へのヒントを与えてくれる可能性の最も高い人であると判断された。それゆえ、まず内藤の去就を追跡したい。私がこの名前に最初に出会ったのは、1990年東京大学に赴任して間もなくの頃、小倉 謙博士著「東京帝国大学理学部植物学教室沿革」の数冊が見つかったということで、植物学教室教授会で回覧された際である [19]。その本の最初のページに載っていた写真にその名前があった。そこには三名が映っていてその一人が内藤紀（後に誠太郎と改名）であり、その他は、矢田部良吉と橋 是清（後の高橋是清と出ていた）であった。1868年（明治元年）に浅草御厩河岸の写真館金丸原三方での撮影ということである（図4・2）。矢田部良吉は後に東京大学の初代植物学教室教授となった人であり、もう一

図4・2　橋 是清(左)、矢田部良吉(右)、内藤誠太郎 (中)
1868年（明治元年）浅草御厩橋写真館金丸原三方で撮影。橋 是清は後に総理大臣にもなった高橋是清であり、矢田部、内藤は森有礼と共に渡米し、それぞれコーネル大学、アマースト農科大学を卒業した。帰国後、それぞれ、東京大学、札幌農学校の教授となった。なお、小倉 謙著「東京帝国大学植物学教室沿革」には、この写真を1871年としてあるが、一高同窓会誌に寄せられた中井猛之進の「父内藤誠太郎のこと」には、1868年とあるので、こちらをとった。

人の高橋是清は総理大臣となった著名な人物であるが、なぜ橋となっているかは、新たな疑問である。これらを尋ねても知る人はいなかった。これらをはっきりと教えてくれたのは、偶然の機会に読むことになった「高橋是清自伝」[20] であった。内藤の軌跡をこの本を頼りにたどってみる。

4·4 高橋是清

高橋是清は、日露戦争の際の危機的状況にあった戦費の大部分を日本債として、その引き受け手を探すために英米へ出張したが、当初は困難に面した。その後、クーン・ロエブ商会（Kuhn-Loeb & Co.）のヤコブ・シッフ（Jacob H. Schiff）に出会ったことで成功の切っ掛けを掴むことができた。シッフが日本債を引き受けた理由は、ロシアへは求めに応じて財務上の援助はしたのに、ユダヤ系の迫害については度重なる抗議にも素知らぬ顔をして改めなかったからであるということで、歴史の見えざる糸のなせざるわざとしか思えない。その後は、何度も、英（ベアリング社、ロスチャイルド）、米（クーン・ロエブ商会ほか）、独（ワールブルク商会）で日本債の引き受け者を見つけることができた。なお、このワールブルク一族からは、1931 年に呼吸の研究でノーベル医学生理学賞を得たオットー・ワールブルク（Otto Warburg）が出ている。当時は露仏協商があり、またロシア皇帝はドイツ皇帝とは縁続きであったので、それらの国々から日本債を得られる可能性は低いと言われていたが、実際の世界の協調関係はそれより深かったと見るべきであろう。その結果、戦費の大部分は彼の努力で確保された。後、度重なる財政危機に大蔵大臣として活躍し、とりわけ 1929 年の金融恐慌時の危機を脱出させえたことにより、財政の守護神とも呼ばれている人であり、総理大臣も一期務めた。しかし惜しくも、岡田啓介総理大臣に乞われて大蔵大臣を務めていた 1936 年に、2・26 事件の凶弾に倒れた。大変バランス感覚のすぐれた人であったことは種々の伝記の伝えてくれるところである。

高橋是清は、大変振幅の激しい人生を送った人であった。東京大学の前身である大学南校の教員時代（なぜ教員であったかは後述）に、学生より遊興

4・4　高橋是清

費の不足を相談されると、それを肩代わりした。学生といっても各藩から貢進生として派遣されてきたので優秀な人もいたが、家格で派遣されただけで勉学に一生懸命でない者もいた。越前藩の家老の子弟より借財の肩代わりを依頼され、それを借りてやったお礼にと宴席へ招待されたが、身なりから粗略に扱われた。それで、借金までして、身づくろいをして宴席を持った。ところが、借金が重なり、日本橋の芸妓枡吉の「はこや」にまでなり、人々の非難を受けるようになった。そこで一念発起して、外国語学校の校長を提示されるも、それは断り、一旦は佐賀県唐津藩の英学校（耐恒寮洋学館）へ教員として赴き、飲み比べに勝つなどの武勇伝も残した。その後東京へ戻り、文部省を手はじめに役所へ勤めて頭角を現し、農商務省では特許制度発足の責任者となって諸外国の制度も参考にしながら特許制度の基礎を作る役割を果たし、特許庁を独立させた。ところが、地質学を専攻した理学士が持ってきたペルーの銀山の開発話にのり現地へも赴いたが、実はそれはほとんどスペイン統治時代に掘り尽されてしまった廃坑のインチキ話であった。しかも、相当数の人に資金の調達を依頼したので彼の下には負債が残り、破産するに至った。輝かしい経歴の持ち主であるので知事職はどうかという提示もあったが、ゼロから出発するという信条の下、日本銀行の最下等の職である建設事務所の職員から再出発した。なお、その時の設計主任は、唐津で教えた辰野金吾であった。しかし、ほどなく頭角を現し、横浜正金銀行の副頭取になり、やがて日本銀行にも関わって、日露戦争に際しては政府からの依頼で、日本債調達に大奮闘したというのが経過である。

　この高橋是清は、明治維新前、仙台藩からの派遣でアメリカに渡った。ところが、契約書をよく確かめないでサインしたことから、奴隷的境遇に陥るも、持ち前の才気でそこから脱することができた。故国が御一新であるということを聞くと矢も楯もたまらず、同輩3名と一緒に帰国した。もらっていた幕府からの旅行免状には仙台藩百姓とあり、仙台藩は賊軍であるということから、横浜着港直前にその免許状を海へ捨ててしまった。ところが、仙台藩は一転して、朝廷への恭順を示すために尊王攘夷に転じ、開明的な人々の

排除に変わり、高名な洋学者であった玉虫左太夫まで斬首にする始末であった。そして、高橋らも仙台藩の捕り方に追われる羽目になったので、書生として仕えていた主人の森 有礼が与えた変名が橋 和吉郎である。したがって、先の橋 是清とはその名残であろうというのは私の推測であるが、頭隠して尻隠さずのような名前である。やがて、高橋は、森の薦めで大学南校へ入ったが、英語ができることから教える側へと変わり、大学南校は、やがて開成学校へと変わった。

　そして、1871年（明治3年）森はアメリカへ赴いたが、その折、最初に高橋是清に同行しないかと声をかけた。ところが、高橋は「自分はすでにアメリカの経験があり、自分の先輩で江川太郎左衛門の家来の矢田部良吉が、会話はあまりできないが、英語を読む力はあり、洋行を希望しているので、彼に譲りたい」といった。両者は、横浜居留地で、共に英語を習った仲であった。高橋は、最初ヘボン（J. C. Hepburn）博士夫人の下で英語を習っていたが、夫妻が帰国後はバラー夫人に習っていた。森の肩書は少弁務公使であったが、アメリカへの最初の外交官であり、女子留学生の監督者でもあったので、津田梅子、山川捨松らの世話も行った。それで、矢田部は最初外交官（文書大礼使）の資格でアメリカへ行き、後に官費留学生となり、コーネル大学で植物学を修めて卒業した。帰国して、開成学校の教授となり、東京大学が設立されると初代の植物学教授となった。

4・5　内藤誠太郎

　森 有礼の書生で、やはりアメリカ行きを強く希望したのが、内藤誠太郎（当時は糺といった）であった。内藤は、アマースト（Amherst）農科大学へ入学し、卒業し、帰国して開拓使へ勤めた。札幌農学校が発足するとそこの教授となり、ウィリアム・クラーク（William Clark）博士を招聘した原動力となった。というのも、クラーク博士はアマースト農科大学の学長であったからである。8か月の滞在にもかかわらず大きな影響を与えていることは驚嘆すべきであるが、アメリカへ帰国後は不遇であったということである。なお、この農科

大学を中心としてマサチューセッツ大学ができた。ところが、長州の奇兵隊の隊長として明治維新の修羅場をくぐった内藤は直言居士であり、開拓使の長官である黒田清隆とはたびたび衝突した。明治初期は、相当無法なことも行われたので、内藤は我慢がならなかったとのことである。開拓使仮学校は東京で発足し、札幌農学校となって札幌へ移るが、明治初期に優れた学徒を勧誘したのは内藤らであるとは、初期の卒業生 宮部金吾 博士の弁である。長官と衝突したため、職を辞するのであるが、その措置が、最初は当時官営であった九州高島炭鉱への長期出張の扱いになるというものであった。そののち一時、大阪専門学校（旧第三高等学校の前身）勤務を経て、1879年（明治12年）東京大学予備門（第一高等学校の前身）に勤め、後に御用掛となった。

ところが、1881年に岐阜県農学校で騒動が起こったので、内藤は岐阜県知事、文部省に依頼されて、東京大学予備門在籍のまま、農学校校長として赴任した。3年余の後騒動は収まり、予備門へ戻り、1884年（明治17年）には、帝国大学附属植物園書記となり、1887年には帝国大学理科大学の舎監も兼務した。当時このような騒動はしばしばあったらしく、少し後の1889年に高橋是清は、帝国大学移管前の駒場農林学校で、やはり騒動鎮静に3か月ほど校長を依頼され、「賄征伐事件」を処理している。

つまり、平瀬が勤めていた岐阜県農学校に、内藤は校長として赴任していたのである。ちょうどそのころ、東京大学理学部は帝国大学理科大学へと変わっていたが、それまでいた画工佐々木三六が第一高等学校の教員として転出して辞めたので、その後任を探していた。また、教授矢田部良吉は描画が不得手ということから、後任探しを急いでいた。内藤、矢田部の関係から、即時決まったと推定できる。さらに、佐々木と平瀬は同郷であり、交流があったということも人事が容易に進む要因であったであろう。また、その背景には、当時初代文部大臣で、帝国大学のグランドデザインを行った森 有礼がいたことも考えられるが、そこまで考える必要はないかもしれない。

4・6　平瀬作五郎の退任

　退任の経緯は、重大なことであるはずであるが、これまでも公式の説明はない。ここで一つの推論を述べようと思うが、そのヒントは、やはり、上記、矢田部良吉、内藤誠太郎、森 有礼の関係から読み解くことから得られると考える。

　まずは、矢田部良吉が 1891 年（明治 24 年）に帝国大学教授を非職となり、やがて 1894 年（明治 27 年）には免官となり、東京高等師範学校の教授として移って行ったことが第一の要因である。矢田部の転任先での担当は英語であり、後に校長となった。これについては、やはり推定でしかないが、中野実著「東京大学物語」が最も迫真に迫る説明をしている。そこでは、東京大学は、最初、森 有礼を中心として、外山正一、菊池大麓、矢田部良吉らで運営されたが、森は施策、人事を専断で行った。その後、理科大学では、菊池と矢田部が対立する構図となった。また、当時の動物学教授は箕作佳吉であったが、菊池と箕作は兄弟であり、津山出身の幕末から明治へかけての学者の流れの源に位置する箕作秋坪の息であった。ところが、森 有礼は、1889 年（明治 22 年）、憲法発布式典へ向かう前に、自宅を訪れてきた西野某により暗殺されてしまった。

　これで、対立の構図は一気にバランスが崩れ、矢田部への非職に至った。矢田部の日記によると、矢田部の非職は当人宛の一通の通知によってなされた。しかも、それは非職のその日である 3 月 31 日に届いた。まさに青天の霹靂である。矢田部にできたことは、残された研究を継続することを保証してもらうことだけであった [21]。その頃学術論文の発表、特に「日本でも種の同定ができるようになっており、自らすべきである」という、一種の「言挙げ」宣言の論文を英文で「植物学雑誌」に発表した。タイトルは、「泰西植物学者に告ぐ（A few words of explanation to European botanists）」である。また、四国でキレンゲショウマを発見し、それに学名 *Kirengeshoma palmata* Yatabe を与え、新属を立てたのもこの時期であり、さらに「日本植物図解」を著すなど、学問的には生産的であった。第 9 章で触れるように、学名の二

命名法の創出者カール・リンネ（Carl von Linné）は、それぞれの土地の呼び名を学名にすることは嫌っていたことからすると、キレンゲショウマを属名に採用したのは一つの主張の現れであると考えられる。なお、当初は日本固有と考えられていたが、その後、中国大陸、朝鮮半島でも見つかっている。後に、松村任三により設けられた新属のワサビ属のワサビ（*Wasabia japonica* Matsumura）も、同様な主張の現れの例と言えよう。

　この非職には、いくつかの別に伝えられている話がその伏線になっているといわれている。その一つは、「東京高等女学校」問題である。森の強い薦めでできたこの学校は、進歩開明的な女子教育を目的としていたため、方針が世間の保守派の批判にさらされていた。矢田部は校長を兼務するも、それは3歳下の箕作佳吉の後任であった。そして、森が暗殺されると共に学校は廃校となり、東京女子高等師範学校へ吸収されてしまった。これに抗議して、矢田部は同時に兼務していた盲唖学校長を辞し、非職の半年前には帝国大学の評議官も辞してしまった。また、この間に帝国大学総長は渡辺洪基から加藤弘之へと代わったが、これも一種の権力抗争の結果であると分析されており、矢田部は渡辺派であるとみなされている。

　そして、後に総長になる外山正一は、矢田部が49歳の時、鎌倉での海水浴で亡くなった後、東京高等師範学校で行われた追悼会といういわば公の場で、「森 有礼君が存命であったならば矢田部君もこう云う不幸は落ちてはこなかった」、また「或いは総長などに於ても浜尾 新君などが総長であったならば、是ほどに不幸なことにはならなかったであろうかと我輩は潜かに思う」と述べていることもそれを支持するものであろう。外山と矢田部は同年輩で、同時期にアメリカ留学を果たしている。外山は、現地の高校を経て、ミシガン大学で学んだ。

　なお、この矢田部の免官に際して、内藤誠太郎は抗議の意も込めて直ちに辞職し、郷里の山口県へ帰って山口県農学校の教員となった。これについては、別な角度からの情報がある。旧制第一高等学校の同窓会報に、東京帝国大学教授中井猛之進は「父内藤誠太郎のこと」を寄せている（1937年）（昭

和12年)。内藤誠太郎は後に中井誠太郎となったが、それは元の中井姓に戻ったものである。そして、中井教授は内藤が岐阜農学校の校長として赴任していた時代の1883年（明治16年）に岐阜で生まれている。そこでは、「当時大学では、箕作一派が大いに巾をきかせてゐて、その勢力を張るために矢田部を排し、ついでに同類として父も非職となったのです」と述べていることももう一つの傍証であろう。しかも、これは時間も経て、自由な雰囲気での発言であるから、ほぼ事実と受け止めて構わないであろう。なお、「堀先生はいい人物だった。中井は、出世しているが親爺とは較べものにならない」とは、予備門時代の学生の堀 誠太郎評である。ただし、中井誠太郎は、郷里で鬱々として楽しまず、酒に浸り、やがて病を得て早死にしたということである。そして、大分後になってであるが、日本銀行馬関（下関）支店長として下関に赴任した高橋是清は中井に二度会っている。

なお、現代のわれわれの目からすると、矢田部の兼職の多さから、本当にそれらをこなしていたのかという疑問がわく。実際、上記の職の他に、教育博物館長（国立科学博物館の前身）であり、新体詩同人の一人であり、外山正一、井上哲次郎とともに1882年に「新体詩抄」を発刊したが、その中では矢田部の「グレイ氏墳上の感嘆の詩」が著名であり、また鹿鳴館にも頻繁に通った。矢田部が亡くなってからの「植物学雑誌」における松村任三教授の追悼文に、「（前略）君の斯学に於ける実績を追想するときは本邦在来の学風を打破して欧米風の植物学を我が日本に創立せし開祖というも亦溢美にあらざるべし。君の曾て理科大学教授として植物園事務担任者として職にあるの間余が尤も君のために惜しむ所のものありたり。乃ち、君の事を執る放任主義にわたりしものこれなり。其植物学実験室における標品のごときその整理を欠きしのみならず君が米国よりもたらせし標品においてもまた然りき。このごときは君の淡泊奇偉なる性格の致すところか。要するに君は細心摯実なる実務家と言わんより寧ろ豪放なる学者といわんはその当を得たるならん（後略）」と述べられていることからして、今風に言えば脇が甘かったのではと思われる。上記東京高等女学校についても相当不用意な発言をくり返して

おり、雑誌「国の基」に、「良人とすべきは宜しくもって理学士か教育者を選ぶべし」と寄稿して、物議をかもした。しかも、東京高等女学校の教え子である、金沢録と結婚した。

これについては、意外なところにもその痕跡を見ることができた。「クララ・ホイットニー（Clara Whitney）の明治日記」[22] があるが、そこには、1876 〜 1877 年（明治 9 〜 10 年）に矢田部は、年を大分さばをよんでクララに付きまとう人として出てくる。事実、相当頻繁にホイットニー家を訪問しており、初めはその流暢なアメリカ訛りを好まれるも、後に長居を嫌がられている。そして、矢田部結婚の報を聞いて安堵している。なお、このホイットニーとは、当初森 有礼によって創設され、後に東京府立、さらにその後に官立となった商法講習所（東京商科大学を経て、後に一橋大学となる。最初は銀座尾張町にあったが、後に学士会館の向かいの現在学術情報センターがある場所に移ってきた）を作るため、森 有礼によりアメリカより招聘されたが、当初は種々の難事に直面したホイットニー（W. C. Whitney）であり、クララはその長女で、勝海舟の三男梅太郎と結婚した人である。

したがって、平瀬の辞職は、権力闘争に絡む矢田部の非職に続く辞職、内藤のそれへの抗議の辞職にはやや遅れるが、この流れで説明するのが最も自然であろうと考える。つまり、庇護の程度はどれほどであったかわからないが、就職に関係した人々が退任したことの結果であると見るべきであろう。さらに、当初からのスタッフであった助教授大久保三郎も、矢田部の免官に際して、しばらくして非職、免官になっていることも一体と思われる。なお、この大久保は、幕臣で後に初代東京市長になった大久保一翁の息で、ミシガン大学に留学して植物学を修めていた。

なお、上記に引用した中野 実氏は、東京大学史料室助手であり、私も資料室の委員を 10 年近く務めたので、ここで挙げた話題については中野氏と何度か相談した。矢田部資料があるということで、安田講堂の 4 階にある資料室でそのファイルも見せられ、さらに調べる手配もした。しかし、中野氏が病を得て亡くなられたため、新資料などを探る作業はそのままになってし

まっており、いつか決着をつけたいと思っていることを付けくわえておく。また、国会図書館にも関連資料があることが知られている。なお、中井猛之進教授談の資料は、中央公論社「自然」編集長であった、岡部昭彦氏により届けられたもので、このように、私の関心を知って多くの方が助力して下さったということも、ここで触れなければならない。

4・7 池野成一郎

池野は1866年東京駿河台生まれの生粋の江戸っ子で、正統的な教育を受けた人で、予備門、帝国大学を卒業した。大学院を経て、東京帝国大学農科大学の講師、助教授を経て教授となった（図4・3）。当時の通例で、予備門に入る前に東京英語学校を卒業しており、英独仏語に堪能であり、特にドイツ語が得意であったと言われている。これは、平瀬の論文がフランス語で書かれていること、および池野の論文がドイツ語で書かれていることと深くか

図4・3　池野成一郎
ソテツ精子発見者の池野成一郎肖像。帝国大学理科大学卒業後、東京帝国大学農科大学で、講師、助教授、教授となり、後に帝国学士院会員にも選出された。助教授時代にソテツ精子を発見した。篠遠喜人・向坂道治「大生物学者と生物学」[66] より

かわっていよう。つまり、外国語での発表は池野が中心になって行ったと推定できる。また、勤務地は駒場の帝国大学農科大学であっても、理科大学へはよく赴いて、平瀬に助言を行ったとのことである。

コラム　予備門時代の池野成一郎

　私は、東京大学史料室委員時代にニュースとして回覧されてきた資料の表紙（第25号2000年）に、1885年の東京大学予備門の本校生徒成績表が載っていることに気づいた。拡大すると、その下級年にあって、池野の序列は18番であったが、1番は、地震学者となった大森房吉であった。また、その第2年次は1番が植物生理学者となった三好 学、3番がグルタミンソーダ発見者である化学者の池田菊苗であり、上級生には狩野亮吉がいるというように錚々（そうそう）たるメンバーの一角にあったことからも、大変な秀才であったと想像される。なお、狩野は京都帝国大学が創設された際に初代文科大学長となった人である。理学部で数学を修め、さらに文学部で哲学を修めて、第一高等学校校長を経て、文科大学の創設に関わったが、夏目漱石とは学生時代より交流があり、漱石の著作のいくつかのモデルになっているとも言われている。しかし、その経緯は公表されているように、漱石の私的理由で京都大学教授招聘は成功しなかった。また池田は、イギリス留学中、ロンドンにおいてノイローゼになり落ち込んでいた漱石が、唯一胸襟を開いて語り合った日本人であった。その時、池田はドイツ留学の後に帰国の帰途ロンドンに立ち寄り、2か月間漱石と同居した。化学者であるが池田は広範な素養があり、共に英文学について語り、世界観や哲学についても語り合って、漱石は蘇生する思いをしたという。そして、池田が去って再度孤独に陥ったことが知られている[23]。池田はグルタミンソーダにより、従来の味覚に加えて旨味があることを世界に知らしめた人であり、2008年はその発見から100年目であり、最初の結晶は東京大学にある。

池野は、1896年には鹿児島へ赴いてソテツも精子を作ることを確認したが、その時の職は当時駒場にあった帝国大学農科大学助教授であった。

なお、池野は、最初顕微鏡を用いた細胞学の研究を行ってソテツ精子の発見に至ったが、当時の常としてアーク燈を光源としたため、発生する紫外線のため目を悪くしてしまった。その後は遺伝学、育種学方面に向かい、それぞれの学会の日本の創設者となり、日本遺伝学会初代会長であった。研究としては、ヤナギ属、オオバコ属での交配実験を行っている。学問に熱中する人であるというエピソードも伝わっており、東北帝国大学が創立された時にオーストリアより教授として招聘されていたハンス・モーリッシュ（Hans Molisch）教授が、1925年に東京帝国大学農科大学を訪問した際には、実験中で手が離せないからということでスタッフに対応を依頼したという話が伝えられている。モーリッシュは、植物間の物質を通じての相互作用現象アレロパシー（他感作用）の命名者で、その領域の開拓者でもある植物生理学者であり、後にはウィーン大学総長となった。生まれたのは今日のチェコ共和国ブルノであり、そこではメンデルとも会っているとのことである。

さらに、1912年に平瀬と共に第二回の帝国学士院恩賜賞を受けた。当初学士院は池野のみを候補者としたが、池野は「平瀬がもらえないのであれば自分ももらうわけにはいかない」ということで両名受賞となったとは、小野勇の「平瀬作五郎伝」の伝えることである。また、生涯にわたって単著にこだわり、余人との共著の論文は2編のみで、その内一つは、先に触れた平瀬との共著でAnnals of Botanyへの招待論文で、もう一つは野口弥吉博士とのものであるとのことで、彼の論文作成作法も今日とは大いに異なっていたと推察できる。1913年には、帝国学士院会員にも選出された。

このように池野は平瀬を大いに助けたが、もう一人助けられた人がおり、それは植物分類学者である牧野富太郎である。牧野は高知県の酒造家の息であったが植物の同定に生涯をかけた人で、東京大学植物学教室へ出入りしていたが、1890年に矢田部良吉より出入りを禁じられた。池野は、その牧野へも援助の手を差し伸べて、研究ができるよう取り計らったということであ

る。この一件を矢田部良吉非職の理由にしている文献もあるが、関係があったとしてもそれは副次的な理由であろう。後、牧野は帝国大学の助手として採用されたが、平瀬の助手就任とほぼ同時期であった。この直後に、牧野はセリ科エキサイゼリに学名として *Apodicarpum Ikenoi* Makino を呈じて、池野に謝している。なお、牧野は後に松村教授にも出入り禁止扱いを受けたが、やがて専任講師となり、1939年まで勤務し、退任したがその時73歳であった。99歳で亡くなったときには文化勲章が授与されたが、日本植物誌における抜群の功績によってである。

また、池野の著した「植物系統学」[24] は名著といわれており、最初の刊行が1906年で、植物の系統に詳しい説明を与えたが、メンデル遺伝学を初めて本格的に紹介したことの意義が指摘されている。何度も改訂版が出され、私も1948年印刷の本を古書店で購入して時折利用しているが、表現の旧字体を除けば今でも参考になる点が多い。なお、名古屋大学理学部生物学教室の図書室には、池野成一郎文庫があることは、私の短い名古屋大学在任中に気づいたことであるが、それは、最後の帝国大学として発足した時点で、池野の蔵書が寄付されたものである。赴任して、その存在にすぐ気づいたが、図書室の奥の戸棚に入っており、誰も利用者がないという雰囲気であった。今から34年前のことである。先に触れた「組織学論考 I-IV」もそこに含まれている。最近これらを確認していただいたが、丸善の領収書が挟まれていただけであったということであるので、先に触れた松村購入の書入れのある「組織学論考」とは、重要度に関して差があるようである。

第5章

イチョウの繁栄と衰退のドラマ

5・1　イチョウの化石

　第3章で、「イチョウは生きている化石」と述べたが、そう呼ばれてよいもっと大きな理由がある。現生のイチョウは、1.9億年前のジュラ紀前期のイチョウと同定された化石と形態的に大変よく似ているからである。しばしばいわれる「イチョウは恐竜と共存した」というフレーズはこれを根拠にしている。このような事実を元にしたフィクションに、1912年に発表されたコナン・ドイル（Sir Arthur Conan Doyle）の「失われた世界（The Lost World）」がある。南アメリカのアマゾンの奥地へ入ったチャレンジャー教授らはギアナ高地を思わせる台地に上り、そこにあった温帯林にひときわそびえたつイチョウ（Ginkgo）の巨木を見て、「クジャクシダ様の葉」という、ケンペルに由来する表現を用いている。チャレンジャー教授らはそのイチョウの木の下を基地にして、彼らがメープル・ホワイト・ランド（Maple White Land）と名付けた台地上の探検を行ったが、ソテツも目撃している。そこでまた奇妙な鳴き声を聞き、湖の近くで恐竜を目撃するのである（なお、手元にある邦訳にはクジャクシダ様の葉のことは登場しない）。さらに、台地上で古代人にも遭遇する [25]。

　ただし、次に触れるように中生代にはイチョウの多様性が見られた。それでは、現生の一科一属一種という裸子植物の中でも特異な群であるイチョウは、どのような過程を経て多様性を獲得し、また、どのような過程を経て現在のイチョウに至ったのであろうか？　これらの推定は、すべて化石による証拠に頼らざるを得ない。以下に述べるのは、いずれもアメリカ エール大学林学・環境学部長のピーター・クレーン（Sir Peter Crane）博士より届い

た著書「イチョウ」のドラフトによって啓発されたことが多い [26]。クレーン博士は元々古生物学を専門とし、前職はイギリス王立キュー植物園の園長であったので、現生植物、特に種子植物の初期進化にも造詣が深い。そして、被子植物の起源についての優れたレポート・著書も書いている。ここで述べることは、イチョウに焦点を当てて地球の地史的変化を見ることに他ならない。

5・2　中生代でのイチョウの繁栄

5・2・1　繁栄への道

明らかにイチョウと同定できる化石的証拠は、アフガニスタン・イシュプシュタ（Ishpushta）の 1.9 億年前のジュラ紀前期の地層から得られた、イチョウ属ギンコウ・コルディロバータ（*Ginkgo cordilobata*）と名付けられた化石

図 5・1　*Ginkgo cordilobata*
　　アフガニスタンのイシュプシュタの 1.9 億年前（ジュラ紀）の地層から得られた化石であり、この図には 8 枚の葉が見られるが、いずれも現生のイチョウとよく似ている。ただし、切れ目が大変深く、6 分裂している。（Peter Crane 博士提供）。

であり、ドイツのシュヴァイツァー（H. J. Schweizer）らによって、1920年代に発見され命名された。葉の切れ目が深く、葉が2裂でなく6裂しているが、現生のイチョウによく似た特徴がスレート上の8枚の葉のいずれにも認められる（図5·1）。今日では氷に閉ざされている北部グリーンランドからも、同様な化石が、デンマーク調査隊に参加したイギリスのトム・ハリス（Tom Harris）博士によって報告されている。ハリス博士のことは、再度本章5·2·2で触れる。これらの標本は、いずれもストックホルムのリンネ（Carl von Linné）に所縁のスウェーデン自然史博物館で見ることができる。

　地上に上った最も始原的な植物はコケ植物とシダ植物であるが、それらはスコットランドのアバディーン近郊のライニー村のライニー（Rhynie）チャートにみることができる。地質年代としては、4億年前の古生代デボン紀と推定される。イギリスの地質学者マッキー（W. Mackie）らにより1912年に発見されたこの地層の特徴は、当時の生態系が大変良く保持されていることであり、植物類、藻類、菌類、昆虫類などが見いだされていた。その場所には温泉があり、失われたものも多いが、一部植物の遺物は直ちに土砂に埋もれて化石化したと推定される。アメリカのイエローストーン国立公園あるいはニュージーランドのロトルア（Rotorua）国立公園のような場所と考えたらよいであろう。そこで酸化カルシウムにより石化した化石は、内部構造がそのまま大変よく保存されており、解析され、詳細が判明した。地上に上ったライニー植物群は、第3章で述べたように、表皮が形成されており、気孔が存在し、水を通す道管が見られる。コケ植物、ヒカゲノカズラ様の形態を示すアステロキシロン（*Asteroxylon*）では、茎の中心に道管様の構造はもっているが、未だ木化は見られない。また、茎の先端には胞子嚢が認められ、そこから厚い殻に囲まれた胞子ができる。

　この場所は、スティーヴン・グールド（Stephan J. Gould）の「ワンダフル・ライフ」（渡辺政隆訳、早川文庫、2000年）[68]により広く知らしめられたカナダ・ブリティッシュ・コロンビア州の各種動物群の起源に関するバージェス頁岩層と対比される。同書は、古生代カンブリア紀において、爆発的に多

様な動物種が誕生するにもかかわらず、その後選択的な消滅により現在の動物相へつながるドラマの生々しい実況中継であるが、同時にその解明に関わった人々の興味ある行動と実態解明のプロセスが主題である。グールドの様な、実際に研究に携わった人にしか書けないドラマである。そして、これら古生物学の教えてくれるところでは、動物では急激な絶滅と進化がくり返し何度も起こったが、植物では上記の一時で地上での繁栄の基礎が作られたようである。なお、グールドのやや行き過ぎた選択的消滅に関する見解に対しては、サイモン・コンウェイ・モリス（Simon Conway Morris）が、最近の分子生物学の成果も組み入れた見解を下に「カンブリア紀の怪物たち」（松井孝典監訳、講談社現代新書、1997）[69]を著して、やや批判的見解を述べている。

　ライニー・チャートよりさらに時代を遡ると、植物は水中での生活から陸上での生活への転換の証拠として、厚い殻に囲まれた胞子が初めて見られる時期で、それは 4.5 億年前のオルドビス紀である。ここでは地質年代が頻繁に登場するので、その理解の助けのために地質年代の概略図を添える（図 5・2）。なお、ライニー・チャート頁岩層より年代が下ると、シダ植物が栄え、その最盛期の植物が化石化したものが今日石炭として使用されている。木生シダの中から種子植物が出現し、それらは中生代に繁栄した。その中に、裸子植物であるイチョウやソテツがあり、球果類植物（針葉樹）があり、やがて被子植物が現れた。木化により、樹高をかせぐことができた植物は、太陽光の獲得により有利な地位を獲得し、さらなる繁栄に至った。

　ギンコウ・コルディロバータ（*Ginkgo cordilobata*）によく似た化石は南アフリカ・カルー（Karoo）盆地でも見つかっている。そこで発見された地層であるモルテノ層は、ギンコウ・コルディロバータが見つけられた地層より 3000 万年以上は古く、2.2 億年前の三畳紀と同定されている。発見したのはジョン＆ハイジ・アンダーソン（John & Heidi Anderson）夫妻で、南アフリカ共和国プレトリアにある南アフリカ国立生物多様性研究所の研究者である。モルテノ地層は、ピンクから紫まで、多彩な色のシリカ層からな

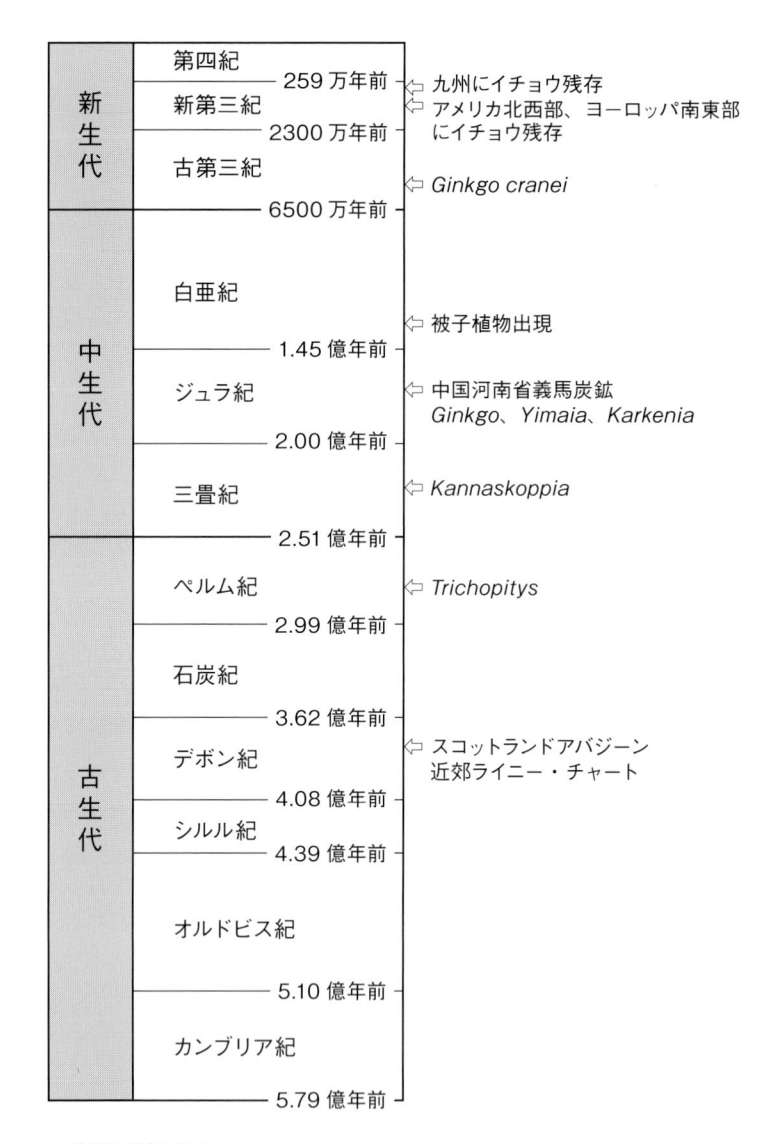

第5章 イチョウの繁栄と衰退のドラマ

代	紀	年代	出来事
新生代	第四紀	259万年前	⇐ 九州にイチョウ残存
	新第三紀	2300万年前	⇐ アメリカ北西部、ヨーロッパ南東部にイチョウ残存
	古第三紀	6500万年前	⇐ *Ginkgo cranei*
中生代	白亜紀	1.45億年前	⇐ 被子植物出現
	ジュラ紀	2.00億年前	⇐ 中国河南省義馬炭鉱 *Ginkgo*、*Yimaia*、*Karkenia*
	三畳紀	2.51億年前	⇐ *Kannaskoppia*
古生代	ペルム紀	2.99億年前	⇐ *Trichopitys*
	石炭紀	3.62億年前	
	デボン紀	4.08億年前	⇐ スコットランドアバジーン近郊ライニー・チャート
	シルル紀	4.39億年前	
	オルドビス紀	5.10億年前	
	カンブリア紀	5.79億年前	

図5・2　地質年代概略図
　地質年代に起こったイチョウの主要な出来事を示している。地上で繁栄した植物の祖先は、デボン紀に地上に上り、イチョウの祖先はペルム紀に誕生した。その後イチョウ類はジュラ紀に繁栄した。しかし、白亜紀後期から衰退の兆候が見られ、なお、古第三紀には、世界各地にみられるものの、新第三紀以降北米、ヨーロッパで絶滅に至り、アジアでも中国南西部をのぞいて絶滅した。なお、古第三紀は、暁新世、始新世、漸新世よりなり、新第三紀は中新世、鮮新世よりなる。

5・2 中生代でのイチョウの繁栄

り、保存状態は良くないが、きわめて多量のイチョウ関連化石が発見されている。アンダーソン夫妻は反アパルトヘイト活動にも参加していたが、この間南アフリカは世界から隔離されていたので、休日や週末を利用して黙々と現場に足を運んで収集を続けたのである。しかし、イチョウとはやや異なる点もあるということで、夫妻はそれらにイチョウ様という意味でギンコイテス（*Ginkgoites*）と名付けた。その内 *Ginkgoites koningensis* と *Ginkgoites matatiensis* は、上記アフガニスタンから見いだされたギンコウ・コルディロバータ（*Ginkgo cordilobata*）とは大変よく似ていた。一方、イチョウと類縁の *Ginkgoites muriselmata* では葉の縁が著しく尖っており、*Ginkgoites telemachus* では葉の縁が不規則にギザギザになるなど、現生のイチョウ葉とはやや異なる形質も見られているが、イチョウの関連植物であることには疑いがない。ただ、種子が枝についているものが発見はされているものの、イチョウによく似てはいるが、葉とは別に発見されていることから別な植物として名前が付けられている。なお正確な理解のためには、さらなる研究が必要である。

モルテノ化石は2.2億年前（三畳紀）と推定されているが、イチョウ関連化石が発見されるのは2.4億年前までで、それ以上は遡れていない。この時代のイチョウの葉は、極北のカナダ、アメリカ合衆国南西部からメキシコ北西部の地域にかけても見いだされている。一方、オーストラリア・シドニー盆地では、2.45億年前の三畳紀前期のイチョウ関連化石が発見されているが、それが出現の限界である。したがって、2.4億年前頃にイチョウの祖先が成立したものと思われるが、もしもそうであるとするとイチョウの起源は南半球ということになる。

それよりさらに遡ることはきわめて困難であるが、スウェーデン・ベルギアンスカ植物園の園長であった、20世紀の古生物学者を代表するルドルフ・フローリン（Rudolph Florin）は、それ以前のイチョウ関連化石の追求に果敢に挑戦した。彼は、古生代ペルム紀のトリコピチス・ヘテロモルファ（*Trichopitys heteromorpha*）に注目し、それが祖先であると、1940年代から

主張している。元々、南フランスで 1920 年代に見つかったこの化石にイチョウとの類似性があると主張しているが、現時点での証拠ではイチョウと関連付けることは難しいだろうとは、パリ自然史博物館の標本を再調査したクレーン（Peter Crane）とロシアの学者セルゲイ・マイヤー（Sergei Meyer）両人の意見である。1986 年にフランス・モンペリエの国際会議の後、二人はこれらの標本を調査したが、化石の解釈が難しいということが第一の理由である。もう一つは、ペルム紀の化石はその後多く見つかっているが、類似のものも少なからず見られるので、トリコピティスに特別な意味を与えることがより困難となっていることである。化石の形態が多様に過ぎて判定できないということである。

　3.4 億年以前になると、イチョウ関連植物の同定はまったく見られなくなり、4 億年前の上記のライニー（Rhynie）チャート化石群（デボン紀）へと跳ぶことになる。ライニー植物は陸上へ上がった初期の植物、すなわちコケ植物、シダ植物などで、それらは大変よく保存されており、植物も小型であるので全体像が良く把握できる。しかしながら、その後大型化していった植物では、化石が発見されても葉と種子や枝が別々であったりすることが多く、全体像がつかめないことが系統の推定を困難にしている。その中で、トリコピティスについては先述したように否定的であるが、イチョウとの関連性が指摘されているものは最初ロシアなどで発見されたグロソプテリス（*Glossopteris*）である。グロソプテリスは樹木性であり、植物全体の形状はイチョウに良く似ている。特に、オーストラリアで採集されたグロソプテリスの化石では、イチョウと同じように精子を形成していたと推測されていることが注目に値する。

5・2・2　中生代におけるイチョウの多様性

　ギンコウ・コルディロバータ（*Ginkgo cordilobata*）から、現生イチョウへの道筋は、南京地質古生物研究所 周 志炎（Zhiyan Zhou）博士（図 5・3）の長年にわたる貢献により明らかにされた。化石のハンティングの成果は、し

5・2 中生代でのイチョウの繁栄

ばしばいかに良質の資料が得られるかによるが、周博士はその幸運に恵まれた人の一人であり、その意味を直ちに良く理解した人でもある。彼は地質学者として中国の炭鉱の有効利用の角度から調査を行っていたが、中国の文化大革命中は研究とは程遠い状態を忍ばねばならなかった。毛沢東が亡くなって後、当時としては幸運なことにイギリス留学を果たした。中国産の化石持参で、レディング（Reading）大学のハリス（Tom Harris）教授の下で研究を行ったが、当時クレーン（Peter Crane）らと一緒であった。

ハリス教授は、先に触れたグリーンランドでイチョウの化石を発見した人

図 5・3 周 志炎（Zhiyan Zhou）博士
中国科学院南京地質古生物研究所前での、周博士。（Peter Crane 博士提供）

であり、1925 年、未だケンブリッジ大学にいた時代に、デンマーク隊により組織された東グリーンランドの調査探検隊に参加し、そこで越冬し、多量の化石を採集した。多くの植物化石から、彼は詳細な東グリーンランド・フローラを明らかにしたが、その中にイチョウの葉があった。しかし、その後レディング大学の教授に就任して、二度とグリーンランドを振り返ることはなかった。彼は、その後は北部ヨークシャーのジュラ紀の植生を解明した。ハリスは、「ヨークシャーのジュラ紀フローラ」をまとめているが、そこでは、1.5 億年前のイングランド北部は球果類、ソテツ類、シダ類など多くの絶滅した植物が成育しており、ほとんど熱帯的であったことが述べられている。まだ、哺乳類、鳥類、チョウ類、ハチ類も見られず、恐竜や翼竜が跋扈し、原始ハエ類が見られた。それらの中に、何か所でイチョウの葉の化石が見られた。その頃の川の砂地にイチョウが見られ、ハリスはそれらをギンコ

ウ・フットニー（*Ginkgo huttoni*）と呼んだ（図5・4）。ただこれらでは、花粉をつける構造はわかったものの、なお種子を付ける構造がはっきりしていないので、全体像はその後の研究に待たざるを得なかった。

　周博士はその後中国へ帰り、河南省義馬（Yima）炭鉱において採集されたイチョウの化石を見せられたことから、たちどころにその卓越した意義を認識した。そこで自ら赴いて調査を開始した。そこでは、比較的浅い地層から葉、種子がばらばらでなく枝についている状態で発見された。化石は、しばしば化石化した際の状況、そして、その後の地層の変化により大きく影響を受ける。とりわけ、地層の深いところでは圧力による変形が大きいからである。イチョウの場合も、それまでに採集はされていたが、それらの多くは、葉、種子、樹の幹がばらばらに採集されていたので、全体像の統合が容易でなかった。義馬（Yima）の保存のよいイチョウ化石は、地名にちなんでギンコウ・イマエンシス（*Ginkgo yimaensis*）と名付けられた。

図5・4　化石のイチョウ
　　左はイギリス北部ヨークシャーよりの *Ginkgo huttoni*、右はオーストラリアよりの *Ginkgo australis* である。(Peter Crane 博士提供)

5・2　中生代でのイチョウの繁栄

　ところが、そこにはもう一つの別なタイプのイチョウ類縁の化石が発見され、それはイマイア・レクルヴァ（*Yimaia recurva*）と名付けられた。この場合も、葉、枝、種子が同一の場所から見つかった。ところが、その葉の形は、それ以前にバイエラ・ホレイ（*Baiera hollei*）と名付けられていたものとほとんど同一であった。さらに、彼らは青海省の炭鉱からも類縁の化石を発見し、それらはイマイア・ギンガイエンシス（*Yimaia ginghaiensis*）と名付けられた。このイマイア（*Yimaia*）関連の化石は、さらにヨーロッパ各地のジュラ紀の地層からも広く発見された。すなわち、この植物は、かつて北半球に広く分布していたのである。注目すべきは、イマイア・レクルヴァ（*Yimaia recurva*）もギンコウ・イマエンシス（*Ginkgo yimaensis*）もほぼ同時期に存在していたことである。

　ところが、周博士らはこの場所からさらに3番目のイチョウ類縁化石を見つけ出したが、それはカルケニア（*Karkenia*）であった。この仲間は、1960年代にアルゼンチンの古生物学者アルハンゲリスキー（S. Archangelsky）博士によりアルゼンチン・チコ（Tico）の初期白亜紀層より発見されていたもので、イチョウに似たギンコイテス・チグレンシス（*Ginkgoites tigrensis*）と一緒に発見され、カルケニア・インクルヴァ（*Karkenia incurve*）と名付けられていた。ただし、その化石の葉はイチョウに似ているものの、果実の付き方は大きく異なっていた。そして、周博士が中国で発見したカルケニア（*Karkenia*）はロシアでも発見され、それはカルケニア・アジアティカ（*Karkenia asiatica*）と名付けられた。その他、ヨーロッパ、アジアで6種類が見いだされている。つまり、南北両半球に存在したということである。

　さて、ここでカルケニア（*Karkenia*）が南北両半球に発見されているなら、ギンコウ・イマエンシス（*Ginkgo yimaensis*）やイマイア・レクルヴァ（*Yimaia recurva*）はどうであろうかというのは自然にわく疑問である。実際、ギンコウ・イマエンシス（*Ginkgo yimaensis*）はアフリカ、オーストラリア（*Ginkgo australis* と名付けられた。図5・4参照）、南アメリカ、さらにインドでも発見された。これらは葉の切れ目がイチョウより深く、種子の付き方がイチョ

図5・5 中生代におけるイチョウの多様性
周博士により河南省義馬（Yima）炭鉱の中期ジュラ紀地層より発見されたイチョウ関連植物化石よりの植物体復元図：左上、ギンコウ・イマエンシス（*Ginkgo yimaensis*）は、葉に切れ込みが多く、また深い。左下、果実の付き方は現生のイチョウとかなり異なる。右上のイマイア・レクルヴァ（*Yimaia recurva*）は、葉の切れ込みの数が大変多い。右中段は、イマイア・レクルヴァ（*Yimaia recurva*）の種子の付いている様子。右下は、カルケニア・ヘナンエンシス（*Karkenia henanensis*）は、現生のイチョウにかなりよく似ているが、葉の切れ込みが深い。右下は、カルケニア・ヘナンエンシスの種子の付き方で、現生のものとは著しく異なる。なお、これら三種のイチョウ関連植物は、中生代には南半球を含む世界に広く分布していた。（Peter Crane 博士提供）

ウとは大きく異なっていた。発見された地層もイマイア・レクルヴァ（*Yimaia recurva*）よりやや下層であるので、時代的にやや古いものであった。このように、中生代にはイチョウに関連する三種類の植物が成育していたのである。周博士らは河南省義馬（Yima）炭鉱より2.25億年から6千万年前までの化石を得たことになる。それらは全体像が大変良く保持されていたので相互の関係付けが明瞭になった。そのような探索の結果として、イチョウとその関連植物は中生代には世界中に広範に分布していたと結論することが可能である。これら化石の復元図は周博士によってなされたが、それらは図5・5に示されている。いずれも葉の切れこみが多く、また深い。果実の付き方は現生のものとはかなり異なる。しかし、イチョウ類であることには疑いを持ちえない。

5・3　現生イチョウへの道

　それでは、中生代に栄えたギンコウ・イマエンシス（*Ginkgo yimaensis*）は、どのようにして現生のイチョウへつながっていくのであろうか？　これについても、周博士らは、中国東北地方遼寧省錦州近郊にある中生代白亜紀の地層の発掘資料から、現生イチョウにより近いギンコウ・アポデス（*Ginkgo apodes*）を見いだした。この地層が大変興味深いのは、その付近の別の地層から、羽毛をもつ恐竜化石で、鳥類の祖先とされているチュウゴクシソチョウ（*Sinosauropteryx prima*）が発見されていることである。すなわち、恐竜と鳥類のミッシングリンクの発見であるとして話題となった化石である。したがって、このギンコウ・アポデス（*Ginkgo apodes*）は、それらとほぼ同時期に成育していたことになる。時代的には、1.7億年から6500万年前の間ということになるが、葉の切れこみ方は様々であった。また、その地層からは、コケ植物、被子植物も発見されている。ギンコウ・アポデス（*Ginkgo apodes*）における種子の付き方は現生のものより多い傾向があった。まさに、ギンコウ・アポデス（*Ginkgo apodes*）は、現生のイチョウとギンコウ・イマエンシス（*Ginkgo yimaensis*）の中間的位置にあることを示している。こ

のように、イチョウは中生代には多様性を示していたが、その後ある特定のタイプに収斂する傾向にあることを示している。

　これらの化石をよく知る周博士は、中生代のイチョウを次のようにまとめた。イチョウの仲間は三畳紀前期には4種類であったのが、三畳紀中期には6種類となり、三畳紀後期には12種類となった。その後、ジュラ紀から白亜紀前期まではそのままであった。白亜紀末期になると4種類に減っていった。そして、新生代に入るとともに、1～2種類へとその数を減じていった。要約すれば、イチョウは中生代には繁栄し、多様性を示したが、中生代最後の白亜紀末期になるとともに衰退し、新生代に入るとほぼ1種類になってしまったということである。その理由がなんであるかは次の疑問であるが、それについては本章5・6・2「イチョウの絶滅」の項において触れられる。

5・4　イチョウの系統関係

　これまでに、イチョウの関連植物として、化石イチョウ (*Ginkgo cordilobata*、*Ginkgoites*、*Karkenia*、*Yimaia*、*Ginkgo yimaensis*、*Ginkgo apodes*)、現生のイチョウ *Ginkgo biloba* が登場しているが、それらの系統関係を示す。それぞれの植物間に共通する形質をもとにしたクラジスティックス (Cladistics)(分岐分類であり、その意味は次に述べられる) により示されている。また、その参照として、裸子植物として関連のソテツ類、球果植物との相互関係、さらに、被子植物との相互関係も示している。この構築には、クレーン博士が大きく貢献しており、それらの関係は、図5・7に示されている。

　このような類縁関係が導き出される根拠を以下に述べる。これまで述べたような次第で、トリコピィティスは、イチョウの祖先であるとは言い難い。現在、イチョウの祖先として、より可能性あるものに、元々ロシアで発見されたグロソプテリスがある。もう一つは南アフリカでアンダーソン夫妻によりモルテノ層から発見されているカンナスコピフォリア (*Kannaskopifolia*) も可能性がある。なお、この植物の果実と花器官と考えられているもの

は、カンナスコピアンテス（*Kannascopianthes*）と名付けられている（図 5・6）。しかしながら、このような化石的証拠に頼るだけでは、ランダム集団から組み合わせを見いだすようなもので、結論の手掛かりを得ることは大変難しいし、このような方法だけでは、結論を導き出すことはできない。それでは、その隘路を脱する方法は何か。それがドイツの昆虫学者ヴィリ・ヘニッヒ（Willi Hennig）により提案された手法によ

図 5・6　イチョウの祖先と推定される南アフリカよりもたらされた化石（*Kannascopia*）
生殖器官には *Kannascopianthes* と名前が付き、葉には *Kannascopifolia* という名前が付けられた。（Peter Crane 博士提供）

り開かれたクラジスティックスである。ヘニッヒは、元々ハエ類とその進化について研究を行っていた研究者であるが、第二次世界大戦に従軍し、一旦負傷するものの再度イタリア戦線でマラリア駆除などの軍役に付き、敗戦により捕虜となり、イギリスで捕虜生活を過ごした。その間に研究のアイデアを書きとめ、その成果を 1950 年に「系統的システム理論の基礎（Grundzüge einer Theorie der phylogenetischen Systematik）」として発表した。提案の主眼は、生物が共通にもつ特徴には階層性があるということで、その特徴は構造的特徴、形態的特徴から DNA 情報まで含む。このようなヘニッヒの提案は、まず、英語に翻訳され [27]、それ以降 1970 ～ 1980 年代にかけて議論の一層の進展を見、進化生物学におけるブレイクスルーとなった。

コラム　ヴィリ・ヘニッヒ（Willi Hennig）

　ヘニッヒ（1913-1976）は、クラジスティックス（分岐分類学）の創始者であり、生物のお互いの関係を追求する現代的方法の基礎を作った人であるが、その生涯もユニークであるのでその概略を述べる。北ドイツ・ドレスデン近郊の生まれで、若年より昆虫の分類に親しみ、博物館ボランティアとしても活動していた。ライプチヒ大学を卒業し、昆虫学他を専攻したが双翅目が主たる研究対象であった。ドイツ研究協会（DFG）のフェローとして、ベルリンのカイザーウィルヘルム協会ドイツ昆虫研究所で研究をつづけた。召集されて兵役に就き、戦傷により一旦は帰還するものの、ベルリンの熱帯医学衛生研究所で兵役として研究に従事した。その後、イタリア戦線のマラリアなどの熱帯病の対処のため派遣されているうち、イギリス軍の捕虜となり、数か月捕虜生活を経験した。この間にクラジスティックスの基本概念は得られていたが、発表したのは、それから数年後の1950年であった。重要なことは、この概念は全生物の分類法に適用可能であり、DNAデータが利用できるようになってより一般性が増したことである。その後、ベルリンのドイツ昆虫研究所で研究に従事した。そのため、ベルリンの壁が設けられた時、東側に属してしまったが、一党独裁の東ドイツとは合わず、ベルリン工科大学を経て、シュツットガルトの州立自然史博物館で働くようになった。複数のオファーをアメリカより受けたが、むしろギリシャ―ローマ学術の伝統の下のヨーロッパに留まりたいということで、ドイツの博物館で研究を続けた。研究手法の革新性もそうであるが、人生の処し方も実にこだわったユニークな人である。ヘニッヒは、一般的には知名度があるとは言えないが、進化史上、アリストテレス、ダーウィンとも比すべきであるという主張も現れており、専門家の間での評価は大変高い。

5・4 イチョウの系統関係

その要点は、系統関係は相互関係から定められるということで、例えばイチョウと球果類は、それぞれ蘚類に対して他の植物より近縁であるといえる。なぜなら、いずれも植物であり、維管束植物であり、強化された細胞壁をもった道管をもっているからである。同様にして、イチョウと球果類は、シダに対してはもっと近縁であるということができる。ただし、注意すべきは、特徴の階層性が常に明瞭であるとは限らないことと、別の階層性が示唆

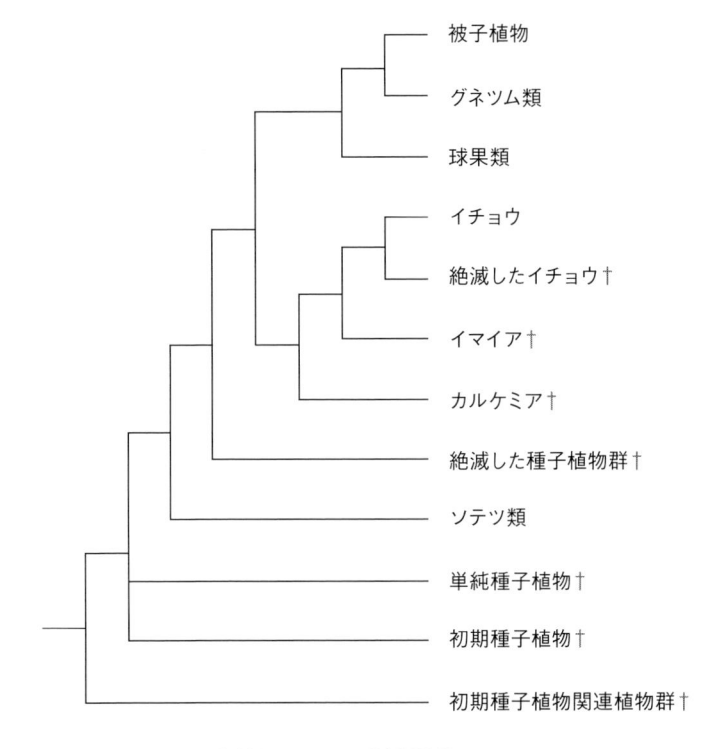

図 5・7 イチョウ各種とソテツの系統学的位置
初期種子植物から、ソテツ類が分かれ、そこから絶滅した裸子植物が出現した。そこからさらに、イチョウ類と球果類、グネツム類 (*Gnetum*) 類、被子植物へと進化した。イチョウ類は、まず、カルケニア (*Karkenia*) 属が分かれ、次にイマイア (*Yimaia*) 属が分かれ、続いてイチョウ (*Ginkgo*) 属が出現した。すなわち、いくつかの絶滅したイチョウ類植物が現れ、後に、現生のイチョウ属が分かれた。†は絶滅種を示す。

される場合もあることである。関係は組み合わせの種類により定まり、組み合わせの因子が多くなると途轍もなく多数を調べなければならなくなる。しかし、この難点はコンピュータと解析プログラムのソフトウェアの進展により解消され、また、この必要性がソフトウェアの進歩を促した。その結果は、系統樹（ツリー）という形で表されることとなった。さらに、DNA 配列の比較により決定が飛躍的に進み、1990 年代には 35 万以上の被子植物が視野に入れられ、植物系統関係が明らかにされた。被子植物をカバーする APG (Angiosperm Phylogeny Group、被子植物系統群）システムなどである。

　イチョウとの関連で相互関係を明らかにすべきは、球果類、ソテツ類、被子植物であり、さらにはその位置が定まっていないグネツム類である。これらの結果のまとめが図 5・7 であるが、なお、グネツム類と被子植物との関係については未解明の点がある。

5・5　衰退への前段階

　中生代末期の 1 億年前から 6500 万年前（白亜紀後半）は、イチョウ類衰亡へのヒントを与えてくれる注目すべき時代である。その頃には被子植物はすでに出現していたが、現在は絶えてしまった恐竜が生息していたのである。トリケラトプス（*Triceratops*）は、モクレン科植物を食べており、ハイドロザウルス（*Hydrosaurus*）は植物の茂みに巣を作っていた。哺乳類もいたが、その中の今は絶滅した有袋類がギンナンを食べて、植物の分布に貢献していた可能性が示されている。このような視点から注目に値するのは、北米アルバータ中部、南部での化石である。そこでは恐竜とイチョウとは共存しており、肉食性のチラノザウルス・レックス（*Tyrannosaurus rex*）やアルバートザウルス（*Albertosaurus*）、草食性のトリケラトプス（*Triceratops*）やステゴザウルス（*Stegosaurus*）が生息していた。

　生態系という見地から考えると、どのような植物が成育していたかが重要である。なぜなら、動物の生存は、エネルギー的に、直接間接の差はあっても植物に依存しているからである。生態学でいうエネルギーのピラミッドに

乗っている。すなわち、光合成により光エネルギーから転換された化学エネルギーを蓄えた植物に、地球上のすべての生命が依存しているからであり、恐竜もその例外ではない。当時成育していた植物は、コケ植物、ヒカゲノカズラ類、トクサ、シダ植物、多くの種子植物であったが、イチョウも成育していた。さらに、球果植物としては、メタセコイア（*Metasequoia sp.*）、コウヨウザン（*Cunninghamia sp.*）、ヌマスギ（ラクウショウ）（*Taxodium sp.*）などがあった。これらはヨーロッパ、北米では絶えたが、中国大陸では今日まで成育している。ノースダコタで得られた化石でも、イチョウと恐竜は共存していた。ただし、動物と植物との繁栄と絶滅の位相は、調査された限りでは必ずしも一致しているわけではないということから、前者が後者に完全に依存しているという推定を導き出すことは難しい。したがって、動植物それぞれがどのように盛衰し、それらがどのように関わっているかの解明は、なお今後の課題である。

5・6 新生代におけるイチョウの衰退のドラマ
5・6・1 新生代での衰退

　新生代（6500万年前）に入っても、なお3500万年前（古第三紀始新世）までは北半球には広くイチョウが分布していたが、その分布には時代的消長があり、また、地理的差異があった。先に触れた著書「イチョウ」の中で、クレーン（Peter Crane）博士はノースダコタ州の5500万年前（始新世）の化石出土地の経験を述べている。そこで得られたイチョウ化石は葉と種子他の組織であったが、現生のものと形態的にほとんど同一であった。これらは *Ginkgo cranei* と名付けられた。しかも化石化した状況は日当たりのよい川沿いであり、落葉や葉柄などが落下し、そこで化石化したと推定している。一方、南半球でも、衰退傾向にはあったものの、オーストラリア、南アメリカにはなお成育していた。3500万年前以降、地球は冷涼化に向かい、乾燥化の方向に向かった。北アメリカでは、シエラネバタ山脈、カスケード山脈、ロッキー山脈がその高さを増すとともに、内陸は乾燥したプレーリー

(Prairie)となり、森林を好むイチョウは成育地が制限された。アジアでも、ステップ(Steppe)が成立するとともに、イチョウの成育地が制限される傾向が見られた。

　一方、ヨーロッパでは、6000万年前以降、イギリス、フランス、ドイツは高温傾向にあり、イチョウは化石として見られなくなっていた。例えば、長年にわたって調査が行われ、詳しく調べられているロンドン粘土層(London Clay)は、古第三紀始新世(5500〜4500万年前)であるが、イチョウは見られず、見いだされる植物はサゴヤシを始めとする熱帯・亜熱帯植物である。ロンドン粘土層は、ロンドン近郊のテムズ川の島から見いだされたもので、二人の女性科学者レイド(E. Reid)とチャンドラー(M. Chandler)により丹念に調べられた。見いだされた化石は、かつての海岸線に沿って成育していた植物が海に流れ込み、海底で化石化し、粘土層として形成されたものであった。果実や種子などの植物と同時にサメやエイの歯が見られたりするが、化石が黄銅鉱化しているので組織内まで良く保存されていた。長年にわたり多くの人々が調査に入っているのでほとんど調べつくされているという状況であるが、そこにはまったくイチョウの痕跡はなかったのである。したがって、ロンドン粘土層の示すところは、古第三紀始新世を通じて中緯度地方は大変温暖であったということである。

　スコットランドのマル(Mull)島の南西海岸には柱状の玄武岩が露出していて、その火山岩の間に挟まれて水中で堆積して生じた泥岩があり、この6500〜6000万年前の地層にはイチョウの他、古代のハシバミ(*Corylus sp.*)、カシ(*Quercus sp.*)、ゲッケイジュ(*Laurus sp.*)、カツラ(*Cercidiphyllum sp.*)が見られる。この状況はヨーロッパ大陸でも同様で、フランクフルト近郊のメッセル(Messel)のオイルシェールは、6500〜4000万年前の地層であるが、ほとんどが亜熱帯性の植物であった。

　ほぼ同時期にアイスランドでは、イチョウはカシ(*Quercus spp.*)、ヌマスギ、セコイア(*Sequoia spp.*)、モクレン類(*Magnolia spp.*)、ブドウ(*Vitis spp.*)などと共に見ることができた。その後に、スピッツベルゲン、スコットラン

ドでは見られるものの、それより南部のヨーロッパでは見られなくなったことは、気候変化がより冷涼化、乾燥化へ進行したものと思われ、これは、南北アメリカ、オーストラリアで観察されていることと同傾向である。

そして、1600～500万年前（新第三紀の中新世・鮮新世）では、イチョウ化石はドイツ南部ミュンヘン近郊を西限として、ウクライナ、ロシアを東限として分布し、南限はギリシャ北西部である。イチョウは、川沿いと推定される場所に成育していたと思われる。北アメリカでも、イチョウの成育は太平洋岸に限られており、アメリカ北西部ワシントン州の1550万年前の地層からイチョウ化石が見られるだけである。そこでは、亜熱帯性のカシ（*Quercus spp.*）、ヌマスギ、シカモアカエデ（*Acer pseudoplatanus*）、フウ（*Liquidamber spp.*）などと共存していたが、これが北米の最後のイチョウであった。内陸部からはまったく発見されなかったが、そこはイチョウには温度が低過ぎ、乾燥程度が過ぎたと思われる。アジアでも衰退の傾向は著しく、2300万年前には南西ロシアからオホーツクにおいてのみ化石が見られるだけであった。しかし同時期、日本では化石が見られる。

5・6・2　イチョウの絶滅

中新世後半から鮮新世にかけて、植生は大きく変動したことは上に述べたが、そのなかにはイチョウも含まれている。ドイツ ゲッチンゲン近郊ヴィラースハウゼン（Willershausen）の陥没孔では、イチョウの化石が見られるが、そこには広葉樹も球果植物もあった。球果植物はコウヤマキ（*Sciadopitys sp.*）、セコイア、スイショウ（水松）（*Glyptostrobus sp.*）であり、広葉樹はカエデ（*Acer spp.*）、カシ、トネリコ（*Fraxinus sp.*）、ニレ（*Ulmus sp.*）、カツラ（*Cercidiphyllum sp.*）、トチュウ（杜仲）（*Eucommia ulmoides*）であるが、それらはヨーロッパではその後途絶えてしまった。そして、コウヤマキ、ヒロハカツラは現在日本には固有植物として成育しており、シーボルトが日本へきてコウヤマキを見て感動したということは第3章でふれた。なお、私にとってカツラは身近なものであったことは、本書の前書きで述べ

た通りであるが、秋になって落葉のもたらす芳香は子供のころからお気に入りであった。そのカツラがそのような歴史を秘めているとはある種の驚きであった。

そして、500万年前以降になると、ヨーロッパではブルガリアとギリシャにおいてのみイチョウの化石が見られているが、なぜそこだけに見られるかは不思議というしかない。北アメリカでもほぼ同様であり、アイダホ州クラーキア（Clarkia）では、イチョウとともに水松、カツラ、メタセコイア、コウヨウザン（*Cunninghamia sp.*）が見られたが、いずれも途絶えてしまった。アジアでは、この時期カムチャッカ方面にイチョウの化石が見られ、また、日本では、500〜600万年前の地層に見られるが、それを境にイチョウは見られなくなる。なお、ヨーロッパや北米で絶滅したメタセコイアは中国に残り、コウヤマキは日本に残った。メタセコイアが劇的な過程を経て発見されたことは第3章で述べたが、メタセコイアもコウヤマキも生きている化石である。そして、ヨーロッパでも北アメリカでもチュウゴクギンモミ（中国銀樅、中国では銀杉という）（*Cathaya argyrophylla*）が見られたが、いずれにおいても途絶えてしまった。中国南西部の貴州省で発見されたのは1955年であり、また、その後重慶特別市郊外の金佛山でも発見された。1944〜1946年に発見されたメタセコイアは世界へ広がったが、チュウゴクギンモミの場合、中国では国外への持ち出しを厳格に制限しており、オーストラリア・シドニー、ハーバート大学樹木園で栽培されているだけで、未解明の点が多いが、これも生きている化石である。

5・6・3　イチョウ消長のダイナミズム

それでは、このようなことが起こった原因は何かということであるが、新たに生じた被子植物は、氷河期と間氷期の間に氷河が広がると分布は南へ移動し、また、氷河が後退すると植生は北へ広がるというように、往復運動をくり返したと推定される。そのような推定の根拠は花粉分析によるものであり、イギリスでの被子植物コーカサスサワグルミ（*Pterocarya fraxinifolia*）

の花粉分析で示された。この植物の花粉は特徴的な形態により明瞭に判断できる。それらを解析したところ、何度かの南進、後退をくり返していることが示唆されたが、1万年前でそれは途絶えてしまった。この際、北進した場合、植生の復活に寄与した動物があったと想定される。動物によって種の拡大が助けられたのである。このことは、コーカサスサワグルミの場合、1万年前以降、種の拡大に働く動物種が絶えてしまったことを意味する。イチョウの場合でも、同様な運搬者がいなくなったのではと思われる。ただし、イチョウの場合は花粉に特徴がないので、花粉の分析で種の繁栄と消長を把握するのは困難である。この点に関して、オハイオ大学ロスウェル（R. W. Rothwell）博士は、イチョウの場合も動物の絶滅と関係しており、恐竜はギンナンを食べていたので、恐竜の絶滅と共に途絶えてしまったのであろうと説明している。その根拠の一つは、恐竜の糞の中にギンナンが見いだされていることである。なお、現生のイチョウにおいて、タヌキやイヌなどの動物がギンナンを食しているという観察もあるので、そのような可能性もあるかもしれない。

5·6·4　残存したイチョウ

かくして、イチョウが残ったのは中国浙江省西天目山（図5·8）や湖北省神農架山といわれてきた。西天目山は、揚子江と銭塘江に挟まれた地帯の山地で、標高500〜1500 mの山岳地帯である。この山地は亜熱帯性常緑樹から温帯性落葉植物の植生に富んでおり、その中にイチョウも含まれている。特に、西天目山の南面の植生は豊かで、その付近にイチョウが成育している。ただし、いずれももはや天然林とは言い難い状態であり、人の手が加わっている可能性は否定できない。なお、当地には樹齢3000年と称されている古木が成育しているが、それらは枯れてしまった古木の周辺に成長しており、イチョウが存在し続けたことを示唆している。

しかしながら、中国の研究者は、重慶特別市南洲郡の金佛山にも、野生に近いと思われるイチョウ集団を見いだした。そして、西天目山、金佛山とそ

図 5・8　西天目山のイチョウ
イチョウは、中国南西部に残存したが、その場所と想定される場所の一つが浙江省西天目山のイチョウの林であり、樹齢 2000 年を超えるとされるイチョウが複数成育している。(Peter Crane 博士提供)

の他の土地のイチョウ集団を構成している植物群の DNA データが調べられた。DNA の特定の領域を PCR（Polymerase chain reaction）で増幅させてのち、制限酵素で切断し、相互に比較するという、いわゆる RAPD 法によると、金佛山に最も多様性が見られた。また、葉緑体 DNA の塩基配列の比較から相互比較した場合でも同様であった。ロシアの植物遺伝学者ニコライ・ヴァヴィロフ（Nikolai Vavilov）により採用された、「栽培植物が成立した周辺には多様性に富む自然集団が最も多い」という栽培植物の起源の同定に使われている原理からすると、最後に残ったイチョウの自然集団に最も近いものは金佛山ということになる。より多様性が見られたのは金佛山であり、それに続くのは西天目山である。なお、第 3 章でふれた生きている化石メタセコイアの発見地もそう遠くはない。また、チュウゴクギンモミ（*Cathaya argyrophylla*）が成育しているのが発見されたのもこの地域であることは示唆的である。これらから推測できることは、氷河が南進した折に、世界レベ

ルで多くの植物は絶えたが、イチョウは中国南西部の山地の谷筋で生き延びたということであり、チュウゴクギンモミやメタセコイアも同様な過程を経て生き延びたのであろう。

【補遺】　RAPD、葉緑体ゲノム、PCR

・RAPD

　今日多くの生物でDNAの塩基配列がわかっているので、今やそれほどポピュラーではないが、イチョウのようなゲノム情報のない生物では、DNA断片をPCR（後述）で増幅し、それを制限酵素で切断して特定の断片の類似性から系統関係を推定する方法である。

・葉緑体ゲノム

　葉緑体ゲノムは比較的相互に変異が少ないが、転写されない場合は変異が高くなるのでその領域のDNA配列の比較から植物の系統関係が推定できる。

・PCR（Polymerase chain reaction）

　耐熱性DNAポリメラーゼにより、DNAの特定領域をくり返し複製する反応であり、微量なDNAからDNAの増幅ができる。また、RNAから逆転写酵素を用いてDNAを調製して、そこからPCRでDNAを増幅することも可能である。

　なお、中国で最も古いイチョウといわれるのは、貴州省李家湾村の標高1300 mの谷筋の場所に成育している銀杏大王で、樹齢4500年といわれ、ギネスブックにも登録されている。内部は朽ちているので正確な樹齢はわからないが、最初の大きな木の内部が一度朽ちた後に、その周辺部から子孫が成長し、5世代にわたって子孫が成長し続けたということで、そこから推定したのが4500年という年代である。その結果、内側には空洞ができているので、1970年代にはその空洞で2年間にわたって家畜が飼われていたということである。貴州省ではもう1本古木が報告されているが、河北省、河南省、四

川省でもそれぞれ古いイチョウが見られている。また、湖南省のイチョウは武陵山千年銀杏、湖北省のイチョウは利川銀杏王と呼ばれており、陝西省楼観台古銀杏も2500年を経ているといわれている。中国南部を中心にイチョウの古木は160本以上数えられている。

かくして、イチョウは中国南西部に残り、それと挙動を共にしたのがメタセコイア、チュウゴクギンモミである。ジャイアント・パンダと共に発見されたハンカチノキもその中に数えられる。一方、日本列島では、イチョウは絶えたが、コウヤマキ、ヒロハカツラなどが残った。

まとめると、イチョウ類とソテツの他植物群との系統学的関係は、図5・7に示される。ソテツは系統学上最もシダ植物に近く、次に絶滅した複数のイチョウが続き、その後に現生のイチョウが出現した。最後に、球果類、グネツム類が分かれ、被子植物が出現した。

第6章

イチョウは中国から日本へ運ばれてきた

6・1 日本のイチョウ

　第5章で述べたように、イチョウ類は中生代には世界中で繁栄したが、新生代へ入るとともに成育地が狭まり、中国南西部に限られるようになった。日本での成育は、新生代の 500 〜 600 万年前の西日本の化石を最後にその後途絶えてしまった。ところが、イチョウは現在日本全国に広く分布しているありふれた植物である。そして、ヨーロッパへは 17 世紀末に長崎からオランダ東インド会社 (VOC) の医官ケンペルを通じて伝えられ、今や世界中へ広がった。それでは、日本へは、何時、どのようにして入ってきたのであろうか？

　イチョウは日本各地の神社仏閣を中心にして植えられており、樹齢 1000 年余という古木の伝承も多く伝えられている。例えば、「新日本の名木百選」[28] の本文に登場するイチョウの例を以下に示す。青森県十和田湖町の十和田湖畔の「法量のイチョウ」は 1100 年と伝えられ、仙台市宮城野区銀杏町の「苦竹のイチョウ」は乳イチョウとして代表的で、1200 年といわれている。千葉県市川市葛飾八幡宮の「千本イチョウ」は 1000 年以上といわれているが、一旦母樹が枯れてその周辺にヒコバエが群生したと理解されている。岡山県奈義町菩提寺のイチョウも古木として知られ、法然上人伝説を伴っている。長崎県対馬の上対馬町の「琴の大イチョウ」は、1500 年といわれている。これらの年代は、いずれも伝承であって、確かめる方法はない。幹が朽ちていない場合には年輪で確認できるが、ここに挙げた樹木はいずれの場合も内部が失われているのでほとんど不可能である。このうちで、対馬のイチョウは伝承も最も古く、また、朝鮮半島経由であるといわれていることは、ある程度信憑性があるかもしれないが、何度も火災や台風にあって樹木が倒

れていることが推定を困難にしている。なお、朝鮮半島にもいくつかの樹齢1000年を超えるといわれるイチョウが知られているが、樹齢の確定ができていないのは日本と同様である。伝承でしかないが、韓国京畿道の龍門寺のイチョウは、新羅時代に由来するということであり、国のシンボルとみなされている。これに関し堀　輝三博士は、「日本の巨木イチョウ」[29]をまとめられ、日本での総覧を行っている。そこには、全国の180本のイチョウの写真とそれぞれについての特徴とそれらの数量的データが載せられている。

　一方、文献的に確実な資料が登場するのは室町時代であるというのは、上記　堀　輝三博士が調べられている通りである。1523年の「御飾書」は、足利義政が東山に建てた慈照寺銀閣の道具類について記しているが、その中に「銀杏口」という花瓶を挙げている。また、巻物の輸送に用いる「長文箱」にイチョウ紋が現れ、家紋集「見聞諸家紋」にも、イチョウ紋が記されている[30]。

　それでは、記録として登場する室町時代までは、まったく空白ということになるのであろうか？（なお、イチョウが残った中国でも、イチョウの記録は、紀元1000年頃からしかなく、確実なのは宋代以降ということである。西天目山のイチョウは樹齢3000年といわれ、また、貴州省のイチョウは4500年といわれるが、その場合も文献との間にはギャップがある。）

　日本の1300～1000年前というと、ほぼ平安時代である。イチョウの古木にはしばしば弘法大師伝説が伴っているが、赴いた可能性のない土地まで広がっており、やはり伝承以上のものではない。ある場合には、法然、親鸞、日蓮伝説が伴うので、平安～鎌倉時代ということになる。かつて、真言密教学の権威、名古屋大学名誉教授でご自身僧籍にあり、後には、真言宗智山派管長も務められた宮坂宥勝師にこの点を、尋ねたことがある。いただいた返答は、「イチョウは同定できていないが、空海の遺墨の中には医薬品の記述が多く、実際ミカンの類を薬として用いていたのは事実で、時代からして遣唐使の誰かが医薬品として持ち込んだという推定は蓋然性が高い」というものであり、さらに調べていただけるとのことであったが、その宮坂師も2011年に故人となった。

コラム　鶴岡八幡宮のイチョウ

　2010年春、鎌倉鶴岡八幡宮参道の石段の脇の大イチョウは、台風なみの春の嵐で倒れたが、日本で最も著名なイチョウと言えるだろう。このイチョウについて広がっている話は以下の通りである。承久元年（1219年）1月27日、鎌倉幕府の三代将軍 源 実朝が右大臣となったため、その慶祝の式典が鶴岡八幡宮で催された。当事者実朝は、式典終了後、衣冠束帯で石段を下りてきたが、夕刻で暗くなっており、また前夜からの雪が降り積もっていた。そこへ八幡宮の別当である公暁が裾を踏んで実朝に襲い掛かり、首を取った。甲冑に身を固めた鎌倉武士はいたが、いずれも遠巻きにしており、公暁を止めることができなかった。その時、公暁は石段の脇の大イチョウに隠れていたという話が伝わっており、そこから遡ると、イチョウの年齢は800年を超えることになる。この時公暁は、「将軍は亡くなったのであるから、二代将軍頼家の子供である自分は将軍である」と北条義村らに告げるも、認められるものではなかった。結局公暁は打ち取られ、幕府は北条氏を中心とする執権政治に移ったのである。これを切っ掛けに京都では承久の乱がおこり、幕府の転覆が図られるが、幕府の土台はゆるぎなくなっており、結局後鳥羽上皇は隠岐の島へ流された。

　ところが、幕府の史書「吾妻鏡」[31] には、まったくイチョウは登場しない。また、同時期京都にあって慈円の著した「愚管抄」[32] にもまったくイチョウは登場しない。イチョウが登場するのは江戸に入ってからの「鎌倉物語」が最初であり、公暁の話は、その頃あったイチョウを下に作り上げたいわゆる軍記物であろうという解釈がなされている。ただし、「吾妻鏡」は史書とはいうが、単純な記録というより、鎌倉後期になってどちらかというと北条氏の正当性を主張するために著されたものであるから、その点を考慮しなければならないとは歴史家の弁である。また、「愚管抄」でも、同式典には5名の公家が派遣されていることなどから、情報は直接の目撃者ではなく、彼ら

らの伝聞であろうとされている [32]。これらの点を考慮すると、書かれていないから存在しなかったとは言い切れないものの、むしろ江戸時代には目立つようなイチョウがあって、そこから想像を膨らませて話を作ったというのが穏当な説明であろう。したがって、このイチョウの樹齢はいいところ 300 〜 400 年程度と思われる。

　ところで、このイチョウが倒れてしばらくして、ピーター・クレーンより、その材はどうなったか調べてほしいという連絡があった。そこで鶴岡八幡宮に電話して、問い合わせたところ、材は中心部は朽ちているので年代推定はできなかったが、神木として大事に保管されているという返事であった。また、倒れた木の根元からはヒコバエが成長していることは、ニュースで知られるところである。

6・2　シナン（新安）沈船

　イチョウは記録には認められなくても日本に持ち込まれていたと推定できる事実もある。それは、朝鮮半島の沈船においてである。1975 年 5 月、韓国南部全羅南道新安郡智島道徳島（Jeungdo）の北西の潮流が荒い場所から、漁船が 6 個の青磁および白磁を引き上げた。それを聞きつけ、不法な収奪者が現れはじめたので、その翌年には韓国文化庁は、海軍の援助の下で、回収計画を実行した。すなわち、シナン（新安、Shinan）沈船の発見とその回収であり、海軍の大型船舶 2 隻とおよそ 60 人のダイバーが参加して、1977 年 7 月より行われた。このことに関しては、海洋考古学の特徴について概略を知る必要があろうと思う。

6・2・1　海洋考古学によりもたらされたもの

　スロックモートン（P. Throckmorton）は、「海に残された記憶（The Sea Remembers）」[33] で、海洋考古学の領域をまとめている。その中にはシナン沈船も含められている。扱われているのは、ギリシャの沈船やエーゲ海アンチキテラの古代計算機から、日本近海では博多湾から五島列島で見つかっ

ている蒙古の軍船であるが、とりわけ 16 ～ 17 世紀のイギリス戦艦メアリー・ローズ（Mary Rose）や、スウェーデンの戦艦ヴァサ（Vasa）は注目に値する。特徴的なことは、これらの沈船では、残存している遺物からその時代をほぼ完全に再現できることで、その雰囲気を伝えるために、アンチキテラと戦艦メアリー・ローズおよび蒙古沈船のことを略述する。

コラム

アンチキテラ

アンチキテラとは、1901 年にギリシャ沖アンチキテラ島沖で潜水夫により発見された古代計算機であるが、フランスのジャック・クストー（Jacques-Yves Cousteau）による海洋調査が始められるずっと以前のものである。当初星座早見表のようなものと考えられたが、最近の X 線解析などの結果では、月食と日食を予想する装置と考えられており、現在でも科学者の解析の対象となっている遺物である。作製されたのは紀元 1 世紀で、小アジアからローマへの輸送中にギリシャ沖で沈没したものと推定されている [34]。

メアリー・ローズ

メアリー・ローズは、16 世紀のイギリスの沈没船である。スペインとイギリスが覇権を争っていた時代のものであり、英国王ヘンリー 8 世により建造された戦艦である。1512 年に竣工するも、フランスの戦艦ルコルデリエ（La Cordeliere）とイギリスの戦艦レゲント（Regent）が戦ったとき、近くで被災した。1536 年に修復され、大砲を含む武装は著しく強化された。後、1546 年にフランスが侵攻してきた際、状況は不明であるが、イタリア ナポリ近郊ソレントの海域で、暗礁に乗り上げたと推定され、沈没した。沈船の回収は 19 世紀初頭以来試みられてきたが、1967 年以降近代的手法で沈船の場所を定め、回収を始めた。10 年以上にわたっての回収作業で、16 世紀の戦艦の詳細が判明した。

メアリー・ローズの全貌がわかったことで、当時のスペインとイギリスの

戦艦の差異が明確になった。スペイン無敵艦隊は武装商船を主体として、戦闘員を載せていたのに対し、イギリスの軍艦は、完全に戦闘目的に建造されていた。両者の戦闘力の優劣は明らかで、それがイギリスの覇権獲得の要因であることが実証された。

蒙古沈船

いわゆる元寇の沈船である。1268年のクビライ汗よりの恫喝的文書に返事をしなかったため、1274年に兵船900隻、4万の兵が送られ、博多湾で戦闘があったものの、翌日強風が吹き、相当数が被害を受けて引き下がった文永の役が最初である。その後、より大規模な兵船4400隻、14万余の兵が送られたのが弘安の役であり、1281年のことである。ところが、またも台風によると思われる暴風雨（いわゆる神風）で蒙古軍は大打撃を受けてしまった。伊万里湾などにそれらの沈船があり、遺物も回収されて、現在水中ソナーなどで調査が進行している。次に述べるシナン沈船からすると、40年くらい前ということになる。

このように沈船の特徴は、回収されたものから全体像が再現できる可能性があることで、シナン沈船にもこの点への期待が最も大きく、計画は長期的展望で実行された。

6·2·2 シナン（新安）沈船の回収

シナン船の回収作業は1984年9月まで行われ、沈船の周囲1kmの範囲の物品も網を用いて回収された。その結果、沈没の状況は不明であるが、砂に埋もれた長さ23mほどの船体と運搬していた物品が明らかになった。船の材は中国南部産のタイワンマツ（*Pinus taiwanensis*）であった。波にさらされたものは失われたが、砂に埋もれたものはフナクイムシからも保護され、保存されたのであろうと推定されている。発見以来、9年の時間をかけて、船は、長さ30m、幅8m、排水量260トンのジャンク船であることが明らかにされ、回収された物品は数万点であった。なお、磁器類は総数20000点

以上であった。白磁 5000 点、青磁 12000 点であったが、7 点は、朝鮮半島の窯のものであり、朝鮮青磁であった。その他に、仏像、仏具、香炉、水差し、急須、碗、茶たく、乳鉢と乳棒、硯、墨、陶器の枕などを含む日用品もあり、サイコロや漆器も見られた。鍼灸の用具も見られた。それらの中には、当初の梱包である木箱に入ったままのものも見られた。また、加工素材となると思われる堅木や、香木でもある白檀も見られた。金属塊も入っていたが、それらは鋳造の材料であった。最も多量に見いだされたものは古銭で、紐に通して繋がれており、総数 600 万個余り、重量は 27 トンに達した。航行する船のバラストとして使われていたと推定されている。得られたデータから、シナン船の復元図が描かれている（図 6・1）。

　最も興味深いのは、木製の荷札が 364 枚以上見つかったことで、そこには発送の場所、期日が記されていた。いずれも、寧波近辺の景徳鎮 (Jingdezhen) 窯、龍泉 (Longquan) 窯で、1323 年の 4 月から 6 月であり、4 月 23 日の日付のものが 6 枚、5 月 11 日のものが 37 枚、その他はその前後の日付であった。港は寧波の慶元路 (Qing Yuan Lu) であった。さらに、発注者が記載されており、京都の東福寺とその関連の博多の承天寺で、役僧の名前まで記載されていた。なお、承天寺の住職が上京して東福寺を興し、東福寺派を形成し、京都五山の一つとなったので、両者はほとんど一体と考えられる。一部は、筥崎宮のものもあった。明らかに、東福寺が手配した貿易船であるが、東福寺側の記録では、1319 年に火事で伽藍が消失してしまったので、鎌倉幕府の公認の下送られた、寺社造営御用唐船であろうということである。荷札の日付から推定すると、1323 年 6 月以降に寧波を出て、嵐か、早い時期の台風で沈没したものであろう。当時は元の末期であり、元寇では両者は戦ったが、その後双方が歩み寄って成立した日元貿易船である。その時、すでに鎌倉幕府も最末期であった。荷札の多くに綱司あるいは綱司私という船主のものが多いことから、歴史家は、交易者が主体の貿易船で、日元というのは名目であったのであろうとみている。なお、荷札の内 12 枚は僧侶、12 枚は日本人のものであった。他の寺社御用唐船は、幕府に何らかの記録が残ってい

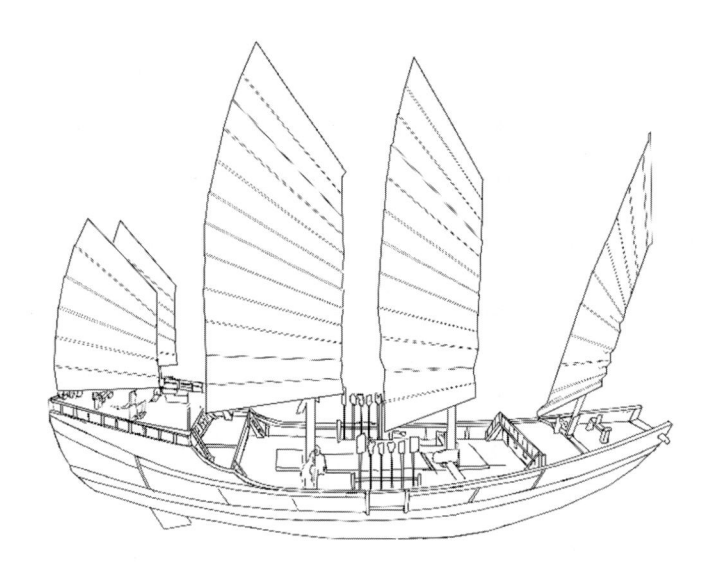

図 6·1　シナン（新安）沈船復元図
韓国南部シナン（新安）沈船より回収された遺物より復元された貿易船図。この船は、1323 年に寧波を出航し、博多へ向かう東福寺再建のための寺社造営御用唐船である。嵐により韓国南部全羅南道新安郡智島道徳島付近で沈没した。1975 年に漁民により発見され、その後 9 年かけて回収が行われ、沈船の大部分が回収され、そこから再現された。（Peter Crane 博士提供）

るが、この唐船の記録は知られていない。

　そして、発見された遺物の中には多数の薬草もあった。下剤、止血や赤痢にも用いられるクロトン、香辛料の胡椒などで、それらは薬箱の中に入っていた。また、薬研用具もあった。さらに、それらの中に植物種子が含まれており、杏仁、ギンナン、ライチ、クリ、クルミ、ハシバミなどがあった。ショウガの根、肉桂などもあった。ギンナンは、一粒であるが、間違いようがない。とすると、記録にはなくても、かなりな頻度でギンナンも持ち込まれていたと考えてもおかしくはないであろうことをこのシナン沈船は教えてくれる [26]。

　さて、それでは、受け手の日本側の状況はどうであろうか。たまたま、現

在の東福寺派管長は、著者の高校の同級生 遠藤楚石師であるので、やはり同級生の妙心寺派仏通寺派元管長 鈴木法音師、花園大学教授 芳澤勝弘氏を通じて、東福寺の伝承などを尋ねた。しかし残念ながら、これまでのところ、東福寺、承天寺にはこれに関するイチョウの伝承は伝わっていないということであった。いずれにせよこの例は、記録に残っていなくても、ギンナンが日本に導入されていたことを示す強い証拠と考えられる。とすると、1000年前以前より、イチョウは日本へ持ち込まれており、それも複数回であったとしても決しておかしくはないであろう。

6・2・3 酵素多型

　もしも、イチョウの日本への導入が複数回にわたり、異なった遺伝系統のものが導入されていれば、それは植物の遺伝形質に反映しているはずである。この点を調べるために、津村義明（1997）は、日本の神社仏閣にある100以上の古木のイチョウからギンナンを採集して、その中のタンパク質の酵素多型を調べた。アスパラギン酸アミノ基転移酵素の多型に関して調査した結果では、北関東のグループは、関西のものとは異なっていた。また、地域間で差異がみられた。このことは、中国から持ち込まれたとすると、それは、複数の起源があったことを示している。なお、これらを反映していると思われるのは、日本の南北でイチョウの雌雄が、南では雌が普通に見られるが、北に向かうと少なくなることである。現在では、DNA情報で起源が調べられるはずであるが、未だそのような情報の決定的なものは得られていない。ただし、徳島大学 佐藤征弥博士と堀 輝三博士（2004）のDNAレベルでの予備的調査によると、朝鮮半島経由で入ってきて九州へ広がったものと、中国大陸から岡山方面へ広がったもの、また、中国から中部地方へ入ってきて広がったと推定できるデータが得られたという。いずれにせよ、イチョウは複数回、多方面から入ってきたと推定される。

6・3 日本におけるイチョウ

渡来してきたイチョウは、日本文化の諸相や日常の中にも入り込んでいる。料理の際にニンジンやダイコンを「イチョウ切り」にするなどは生活の一部と言ってよい。それらの他にどのようなものがあるか、まず植物を中心に述べて、次に文化的側面から追跡することにする。

6・3・1 日本のイチョウ

この章の初めには、日本の名木100選に選ばれたイチョウの古木を挙げたが、日本各地にその土地の記念木になっているイチョウがあるので、それらのいくつかを以下に記す。青森県には上北郡百石町の「老イチョウ」があり、日本海に面した深浦町北金ヶ沢の大イチョウは巨大な枝張りで有名であるが、元の木の周りにヒコバエが生じて巨大な塊となっている。岩手県久慈市「長泉寺の大イチョウ」は、ある時期日本で最も大きなイチョウといわれていた。埼玉県飯能市の「高山不動の大イチョウ」などもよく知られている。東京都港区善福寺の「逆さイチョウ」は、親鸞伝説があり、都内では最も古い。また、千代田区日比谷公園の「首かけイチョウ」は、本多静六 林学博士が自らの責任をかけて大きな木を移植したことで良く知られている。富山県氷見市の「上日寺イチョウ」は、このお寺の創建時に植えられたので1300年経ていると伝えられ、石川県七尾市の「伊影山神社の大イチョウ」も古木である。岐阜県高山市の「飛騨国分寺のイチョウ」は、行基の手植えという伝説があり、1200年とされている。鳥取県八頭郡「西御門の大イチョウ」は、後醍醐天皇が船上山より都への還御の途中ここにとどまったとき皇女の一人が亡くなり、その墓標として村人が植えたのがこの木であるという伝説が語られている。高知県土佐市「平石の乳イチョウ」も古く、熊本県熊本郡植木町「滴水(たるみず)のイチョウ」には、平家落人伝説が伴っている。宮崎県東諸県郡高岡町「去川(さりかわ)のイチョウ」も巨木として知られている。いずれの場所であっても、これらの古木イチョウは、伝説と共に親しまれており、あるものは国の天然記念物であり、また、あるものは地方自治体の記念物となっている。た

だ、伴う伝説とその実際の樹齢を確かめることはなかなか難しいというのが現状である。

黄 葉

イチョウといえば黄葉であり、秋の風物詩である。黄葉の機構は次のように説明される。葉が光合成を盛んに行っている時点では、葉は緑色であるが、その時点では、クロロフィルの合成と分解を行っている。ところが、秋になるとクロロフィルの合成は低下し、クロロフィラーゼによる分解が進行する。その分解産物は回収されて、幹や根に蓄えられ、翌年に用いられる。その結果、イチョウの葉にはカロテノイドのみが残り、黄葉を与える。紅葉も同様で、残ったアントシアンが紅葉の赤を与える。カロテノイドも光合成のいわゆるアンテナ色素であり、ある領域の波長の光（400〜500 nm）を捉える。その成分は、ルテイン、β-カロテン、ゼアキサンチン、ネオキサンチンであり、カロテノイドの種類は他の植物と大きな違いはないが、ある波長域の光を捉えるとともに、光酸化から細胞を守る機能ももっている。

さて、黄葉の後に、イチョウの落葉はいっせいに起きる傾向があると指摘されている。その機構は十分には理解されてはいないが、日長に支配されているといわれている。

チ チ

チチとは乳であり、老木の枝から円錐形の突起が垂れ下がっていることが多いのでこのように呼ばれている。なお、日本で最初に記録されたので、英語、ドイツ語でもそれぞれ、Chichi、Tschitschi と呼ばれている。学術用語では、木質塊茎（Lignotuber）ともいい、木化した（Ligno）肥大部（Tuber）といった意味である。乳の連想から、母乳が出るようにと各地で民間信仰の対象になっている。例えば、章の初めに挙げた仙台の苦竹のイチョウである。チチは雄雌いずれからも観察されており、若い木にも見られる。垂れ下がることから、一見して根状であるという理解もあったが、現在は茎的性格のもので、

老木に限らず、芽生えにも類似の構造が観察されている。したがって、チチの出現は樹齢とは必ずしも関係なく、植物体の発生的要因と環境要因によって形成される。チチには茎的な要素があるとは、ハーバード大学アーノルド樹木園のピーター・デル・トレディチ（Peter Del Tredici）博士の解析結果である。チチが顕著になるのは老木であるが、チチの要素は若い葉の基部にあり、成長が盛んな時には内部に潜んでいるが、何らかの障害で茎頂が損なわれたときには、チチがその代替になり、成長して主軸となりうることも示されている。チチを元にして、イチョウが再生することも知られている。また、老木でチチを元に後代が成長したり、斜面に生えている木では、植物の支えとなっている例も知られる。チチを元にした盆栽も知られ、逆三角形状のものが利用されている。

6・3・2　イチョウの変異

お葉付きイチョウ

　イチョウの変異で最も特徴的なのは、お葉付きイチョウである。図6・2のように葉の中心のくびれの部分に雌雄器官が付くイチョウが、1893年に白井光太郎博士により山梨県身延町で発見されて以来、多くの場所で観察されている。雌器官が見られる例が多いが、多くの観察の結果では、葉の辺縁部に複数見られる場合も多く、図6・2のような中心部ばかりではない。また、同一の木において変異の葉の他に、正常な雌器官も見られるので、突然変異ではあるが、発生段階の遺伝子発現制御の変異であることが推察される。日本各地において報告があり、早田（山形県鶴岡市温海町）、白旗山八幡宮（茨城県水戸市）、西念寺（茨城県笠間市）、普門寺（栃木県河内郡上三川町）、杉森神社（福井県大飯郡高浜町）、了徳寺（滋賀県米原市）、霊山寺（三重県伊賀市下柘植）、戒長寺（奈良県宇陀市榛原）、地蔵院（岡山県赤磐市山陽）などである。特に注目すべきは、山梨県身延町のもので、白井博士の後、藤井健次郎博士、向坂道治博士らが調査を行い、直径1kmの円周の範囲内に、多数のお葉付きイチョウが見いだされている。上沢寺、本国寺、常福寺、本

図 6・2 お葉付きイチョウ
白井光太郎、藤井健次郎、向坂道治博士らは身延町でお葉付きイチョウを見いだした。左：雌、右：雄。池野成一郎「植物系統学」より。

妙寺、長谷寺などである。なお、同様な例は、中国でも観察されており、山東省大賢山の 500 年余のイチョウ、また、江西省桂林では複数の株が見つかっている。さらに、最近福建省三明でも発見されている。

　ところが、身延町八木沢地区の宮の前神社には、雄花が葉に付くお葉付きイチョウが発見されているが、これは大変珍しく、その他には身延町の近隣の市川三郷町薬王寺に発見されているだけである。これらのことは、身延町の狭い範囲に多くのお葉付きイチョウが見られることと関連付けての推察もなされ、この雄の変異のイチョウの花粉が飛散した結果ではないかとも言われているが、実験的に確かめられているわけではない。ところが、2011 年秋には宮の前神社の雄の木にギンナンがなって、話題になった。それらの原因は不明であるが、雌雄異花植物の生存のための一種のフェイルセーフ機構

であり、これにより子孫を残すことに意味があるのであろうと考えられている（これについては第2章4節のコラムでふれた）。これら身延町のイチョウは、日蓮との関わりで説明されている。それは身延に日蓮宗の本山があるからであろうが、なぜそこに集まっているかは興味のある点である。なお、上沢寺の場合には、日蓮宗を広めようとした日蓮を亡き者にしようとした他宗派の僧侶が毒を盛ったが、それを白犬が奪って食べて死んでしまった。それを悼んで埋葬した場所に置いた杖から生えてきたのがお葉付きイチョウであるという伝説がある。

　形態学的に見ると、正常な雌器官は、短枝の末端に一対で付き、胚珠の基部にはカラー（Collar）と呼ばれる器官が付いている。ところが、お葉付きイチョウでは、葉柄は共通で葉の先端に付き、中心部に1個のときもあるが、葉の辺縁部に複数付くので、「あたかもシダ植物の胞子嚢の様である」と表現される。あるいは「ソテツ羊歯類の様に」とも表現されるので、系統学的に古い形態を現していると言えるだろう。一種のアタビズム（先祖がえり）である。一方、雄器官の場合は、正常なものは、短枝に葉があり、そのわきに雄花が複数房状に尾状花序を付ける。これが、変異では葉の中心あるいは辺縁部に付くので、これも「シダ植物の胞子嚢の様に」と表現される。これらの場合、葉柄は葉の柄でもあり、雌器官、あるいは雄器官の柄でもある。貫通する葉の一部は葉と雌雄器官が共通しているということになる。

　このことから推測できるのは、葉と雌雄器官の付いている部位は等価であろうということである。そして、葉の維管束系で触れたように、維管束は二叉分枝を行い、互いに混じり合わず葉の縁辺まで走るので、第10章で述べるように、かつてゲーテ（J. W. von Goethe）が、「花は葉の変形である」と述べたことの一つの現れであろうと思われる。さらに、同じく第10章で解説する花形成のABCモデルに見られるように、花の各器官は、その形態形成が複数の転写因子のホメオボックス変異であることを考慮すると、お葉付きイチョウとは何らかの転写因子のホメオティック変異であり、発生段階の転写因子の変異であろうと推測できるが、これも確かめられてはいない。

なお、早田（山形県）、身延町の上沢寺（山梨県）、本国寺（山梨県）、了徳寺（滋賀県）の雌のお葉付きイチョウ、身延町の宮の前神社の雄のお葉付きイチョウは国指定の天然記念物となっている。

オチョコバ（ラッパ）イチョウ

葉がラッパ状になったオチョコバイチョウあるいはラッパイチョウは、あちこちで知られている。東京大学構内でも、赤門から入ったイチョウ並木の左側、教育学部玄関より出て直ぐ左手の木にこの葉が見られる。ただし、変異が見られるのは枝の先端に限られるので、上を向いて探さないとなかなか見つからない。しかし、9月頃台風や強風の後などに、風で落下したものを周辺で見ることができる。また、その形態にはいくつかの段階があり、完全にトランペット状のものから、基部が円筒状のみ、また、その中間形態と様々である。また、小石川植物園に見られるオチョコバイチョウは、二つの円筒が合併したような形態を示しており（図6・3）、植物体での変異の頻度は高い（場所は第11章参照）。それぞれの木により、変異の程度は様々であるようである。オチョコバイチョウは、お葉付きイチョウより頻度が高いようで、各地に見られており、品種となっているものもある。なお、2012年夏はアメリカで、イェール大学構内のイチョウの下を10分間ほど目視しただけで、二つのラッパイチョウの実生を見ることができた。アメリカの品種

図6・3 オチョコバ（ラッパ）イチョウ
小石川植物園にて採集したもの

でTubifoliaは、オチョコバで、名前の意味はチューブ状の葉である。また、ウィーン北部のカルゲン（Kargen）地区には、ウィーン市園芸学校があるが、この施設に併設してゲーテを記念したイチョウ園がある。そこには、さまざまの変異を示すイチョウが収集され、展示されているが、その中にもオチョコバイチョウが含まれている。

　オチョコバイチョウの生成機構については、東京大学教授であった故原　襄博士が解剖学的解析を行っている。それによると、正常葉の原基発生の初期の葉の背腹性が見られる時期に、将来切れ目となるところは、腹側の凹みとして見られる。葉の左右の分離はその後起こり、次に最初の方向と直角に切れ目が入るが、変異体では、そこでは分離が起こらず、結合したままで円筒状となると説明されている。上記に触れたように、オチョコバの形態は様々であると、原博士は述べているが、これと呼応して、分離の程度も様々な段階に起こると推定されている。このようなことが起こることは、イチョウの葉が扇形になっていることと関係している。すなわち、維管束が二叉分枝で走っていることが背景にあると思われる [30]。

その他の変異

　よく知られているものは、シダレイチョウ（Pendula）で、枝が垂れ下がるものであるが、この形状は多くの植物に知られている。成立の理由は、植物ホルモンであるオーキシンの輸送に関わる変異であると考えられる。小石川植物園にもシダレイチョウがあり、ラッパイチョウと並んでいるが、具体的な場所は第11章を参照されたい。また、斑入りイチョウも知られている。斑入りは葉緑体の変異で、これも多くの植物において知られており、カール・コレンス（Carl Correns）は、オシロイバナ（*Mirabilis jalapa*）のこの現象を下に斑入りが母性遺伝することを発見しており、その遺伝的本体は葉緑体にあることが後に明らかにされた。葉緑体は独自な遺伝子配列をもち、核外遺伝子としてDNAをもっている。斑入りのパターンには様々なタイプがある。

6·3·3 文化史的側面からのイチョウ
街 路 樹

イチョウが市街地で目立つのは、街路樹であり、実際にその数は樹木の中で最も多い。1990年になされた、国土交通省土木研究所の統計データによると、全国にイチョウは街路樹として、55万本植えられている。北海道、中国、四国を除いては、いずれの地域でもイチョウは最も多く植えられており、全国平均で11.5%を数える。北海道、中国、四国ではイチョウは、2番目に多い。北海道で1番は、ナナカマド（*Sorbus commixta*）であり、中国四国で最も多いのは、クスノキ（*Cinnamomum camphora*）である。全国平均で2番目は、サクラ（多くはソメイヨシノである）であり（7.2%）、ケヤキ（*Zelkova serrata*）（6.4%）と続き、その次は、トウカエデ（*Acer buergerianum*）、スズカケノキ（*Platanus orientalis*）、クスノキなどである。ただし、いずれも落ちたギンナンの悪臭を嫌うので、雄の木を栄養繁殖させたものを植えている [30]。

イチョウが街路樹として好まれる理由は、イチョウが公害に強いということである。また、成長が速く、植物の管理上整枝剪定に耐えるからでもあり、春先の葉が出る前には剪定されたイチョウを見ることができるが、著しく剪定されるのが常である。そのような背景で、街路や並木に植えられ、神宮外苑、東京大学のイチョウ並木がよく知られているが、これは、整然とした美しさをたたえ、秋には黄葉の楽しみを与えてくれる。東京大学の安田講堂前のイチョウは、関東大震災後、小石川植物園のイチョウを増やして植えたものである。

シンボルとしてのイチョウ

イチョウは東京都、神奈川県、大阪府など多くの地方自治体のシンボルでもある。その他多くの市町村、区などで、イチョウをシンボルとして選んでいる。茨城県ひたちなか市、栃木県宇都宮市、大田原市、埼玉県行田市、所沢市、加須市、和光市、久喜市、八潮市、千葉県茂原市、浦安市、東京都八

王子市、三鷹市、国立市、狛江市、多摩市、稲城市、羽村市、神奈川県横浜市、静岡県三島市、滋賀県米原市、大阪府八尾市、泉佐野市、奈良県天理市、岡山県笠岡市、山口県山口市、高知県土佐市、福岡県田川市、佐賀県佐賀市、熊本県熊本市であり、その他東京都特別区では文京区のみイチョウをシンボルとしている。この他、町や村で定められているところも多く、公共のシンボルとして広く用いられていることは、いかに市民生活に親しまれているかを反映していると思われる。元々多かったところに、シンボルとして植えられてさらに増えていったということであろう。

　東京大学、大阪大学、大阪府立大学、熊本大学がイチョウを校章にしている（図6·4）。東京大学のものは、1948年に定められたが、校章は公募により求められ、提案者は第二工学部 星野昌一 教授であった [5]。何かにつけ、イチョウがシンボル的に扱われるのは、大学内に広く植えられていることもあるが、本書の最初に触れたイチョウ精子発見が明治初期の東京大学でなされたことが大きい。大阪大学は、前身の医科大学以来用いていたが、正式に決められたのは1991年とのことである。熊本大学での由来は古く、熊本城が、別名銀杏城と呼ばれるように、その時代までさかのぼる。城内にイチョウが植えられていることに由来する。なお、韓国でもイチョウは学問の府のシンボルとして扱われており、最も古い歴史を持つソウルの成均館大学校の校章

図6·4　大学の校章
　　上：左から旧大阪大学、新大阪大学、大阪府立大学
　　下：東京大学、熊本大学

もイチョウをモチーフにしている。これは高麗時代に創設された成均館（1398年創設）に由来し、統一新羅時代に発足している。

　また、1962年創立のホテルオークラは、開業30年目にイチョウと富士山を組み合わせた図柄をモチーフにしたマークを採用している。これは、イチョウグリーン、ヤマブキ茶ゴールド、サビ桔梗紫の三色を組み合わせている。また、象徴的な大ホールイチョウホールがある。元々ここにあった大倉喜八郎邸にはイチョウが多く、イチョウ邸と呼ばれてきたことにより、イチョウをシンボルとして選んだということである。

ギンナン料理

　ギンナンを料理に使うのは、日本の食文化であるが、その代表で最もポピュラーなものは、茶碗蒸しであろう。また、炉端焼きで、串に刺したギンナンも酒の肴に用いられる。その他、揚げイチョウ、イチョウの炊き込みご飯もある。ギンナンを食べる風習は、アジア圏では普通であるが、西欧人には食べなれないものである。第1章でふれたモース（E. S. Morse）は、'Japan Day by Day'において、1877年11月5日に先約を果たすために一旦アメリカへ戻る際、横浜から出航直前に大学主催で10月28日に料亭で会食が持たれ、最初は洋食であったが続いて和食があり、その中にあったギンナンは好きではなかったと述べている。ギンナンの産地としては祖父江（愛知県稲沢市）が有名で、育成された品種として金兵衛、久寿、栄伸があり、多くのギンナンをつける品種が選抜されている。街路樹にもしばしば雌の木があり、その下のギンナンを拾って集めるのは市民の秋の風物詩であり、この時期ビニール袋を手にして東京大学構内でギンナンを集めている人も多い。

　なお、やや特殊であるかもしれないが、裏千家には始祖である千宗旦手植えのイチョウがあり、「宗旦イチョウ」と呼ばれ、400年余の時代を経ており、京都堀川通りの裏千家の兜門の背後にそびえている。宗旦が亡くなったのは万治元年（1658年）11月19日であり、宗旦忌には、そこから得られたギンナンが、白の牛皮餅に包んで茶菓子として供されるということである。

髷

イチョウ髷はいくつかあるが、相撲の力士が結うのは「大銀杏」であり、これは武士の「銀杏頭」の変形であるが、元明—安政年間（1781-1800）に十両以上の関取に決められたものである。なお、それ以下はちょんまげである。明治になって断髪令が出てからも、力士だけは例外として残されたものである。なお、「銀杏髷」は江戸時代の町人にもあり、男の「小銀杏」で、「銀杏返し」は女性のものである。

紋

イチョウをモチーフにした装飾性の高い紋が知られている。それらは、飛鳥井家など特別な家系である。このかかわりで興味深いのは、徳川家も元はイチョウ紋を用いていたということで、少なくとも松平家の墓標にはイチョウ紋が残されている。徳川家は、武家の棟梁となるべき資格として、源平に縁付けるために源氏である八幡太郎義家につながる新田家の一族にある得川家に繋がるとしたとはよく知られていることで、後に徳川とした。私は、源平が交代で武家の棟梁になるということは、邦書ではなく、シーボルトの著書 'Nippon' を読んで知った。ところが、祖先の紋は隠しようがないので、頭隠して尻隠さずといったところであろうか。むしろ、これは家康から八代遡る松平家の出自を示していて興味があるが、本稿の話題とは遠いかもしれない。なお、徳川家の葵紋は、賀茂神社の神紋であるカンアオイ科フタバアオイ（*Asarum caulescens*）にちなんでつけられ、二葉を三葉にデザインした

図6·5 イチョウ紋
　左から、仲輪の一つ銀杏、二つ銀杏、糸輪の陰陽二つ銀杏、銀杏鶴

とのことである。イチョウ紋には様々なものが知られているが、それらのいくつかを図6·5に示す。

材

　イチョウは成長が速く、また、その材は加工しやすいので什器（コネ鉢、お椀、俎板）に用いられる。特に、漆器の素材に用いられるのは、材が変形しないことがその大きな理由である。什器を制作している専門工業所が、大分、熊本、鹿児島を中心にあり、販売されている。また、その肌目が細かく、美しいので、碁・将棋盤、将棋の駒などに利用される。材の性質としては、球果類の材と同じ軟材に属するが、組織を拡大してみると大きく膨らんだ細胞が数珠状に連なっており、この点は球果類（針葉樹）の材とは大きく異なる。
　彫刻の材料としても用いられているが、新潟県小千谷市小栗山の木喰観音堂の木喰仏（もくじきぶつ）は特異である。木喰上人（1718-1810）は、20歳で得度し、後に江戸で修行ののち、木食戒を守り、中部日本を回った。小千谷の小栗山を二度目に訪れた折には、御堂が焼けてしまっていた。住民から提供を受けた大きな一本のイチョウの木から得た材を用いて、三体の如意輪観音像、大黒天、行基菩薩像他あわせて35体を三週間余で彫ってお堂の仏像としたのは1803年であったということであるが、その時86歳であった。木喰上人が彫った木喰仏は多く知られているが、その中でも木喰観音堂のものは傑作とされている。
　その他のイチョウ材を素材とした仏像としては、青森県浅虫銀杏観音の胎内仏として収められている聖観自在菩薩像や、山形県由利町の圓通寺の仏像、福井県三方上中郡若狭町の諦応寺仏像など各地にある。

火除け

　イチョウは防火にも有効といわれる。関東大震災後の内務省の調査では、コウヤマキ、イチョウ、サンゴジュ（*Viburnum odoratissimum* var. *awabuki*）が防火に効果があったとされ、三大防火樹といわれている。また、京都西本

願寺は、天明8年（1788年）、元治元年（1864年）に京都に大火が起こった際も、イチョウがあったがゆえに延焼しなかったといわれており、寺内のイチョウは水吹きのイチョウと呼ばれているというのも同様な背景を意味していよう。また、イチョウは、落葉してもなお火に強いと言われている。

単なる火災以上の惨事に耐えたイチョウがある。広島に原爆投下後にもすぐ再生して芽を吹いた'原爆イチョウ'は、諸外国にも広く紹介されている。被爆したイチョウは、広島市内に50本以上あるとのことであるが、そのうち爆心から1km以内の広島市寺町報専寺のイチョウは、お寺は破壊され、イチョウも幹が裂けたにもかかわらず、やがて芽を吹いたという。

なお、関東大震災の後に蘇ったイチョウ、第二次世界大戦の空襲による戦災にあって蘇ったイチョウも多く知られている。

イチョウ葉のシミ（紙魚）除け効果

古い時代の書物にイチョウの葉が挟まっており、それはシミ除けであると伝えられている。実際、鎌倉時代の北条実時に由来する横浜市の神奈川県立金沢文庫でも、古書籍にイチョウの葉が挟まれているのが見いだされている。

図6・6　八坂神社でのギンナン細工の屋台
（1997年3月28日）
この時期ギンナン細工の屋台が八坂神社に並ぶ。

ギンナン細工

ギンナン細工は日本各地で行われており、春の風物詩である。図6・6は、3月末に京都を訪れた際に八坂神社の境内を通っているとき見たギンナン細工の屋台で、出店は連なって並んでいた。また、その他小田原などにも見られるように、それぞれの地方文化を反映したギンナン細工がある。

詩歌に登場するイチョウ

イチョウは俳句にも頻繁に登場するので、そのいくつかの例を以下に示す。「イチョウ散る」は、俳句の秋の季語になっている。

　　鐘つけば銀杏散るなり建長寺　　　　　　　　夏目漱石
　　田圃から見ゆる谷中の銀杏哉　　　　　　　　正岡子規
　　鳩立つや銀杏落葉をふりかぶり　　　　　　　高浜虚子
　　銀杏散る真っ只中に法科あり　　　　　　　　山口青邨
　　銀杏散る遠くに風の音すれば　　　　　　　　富安風生
　　蹴散らしてまばゆき銀杏落ち葉かな　　　　　鈴木花蓑

次には、短歌の例をのせる。
　　金色の小さき鳥の形してイチョウ散るなり夕陽の丘に　　　与謝野晶子
　　新年といへば何がなく豊かならずや銀杏などをあぶりは見つつ　　斎藤茂吉

文学作品に登場するイチョウ

タイトルにイチョウが登場する文学作品もいくつかあるので、それらを二、三紹介する。まず、辻 邦生は、「銀杏散りやまず」を書いて、父の死に際しての鎮魂の想いを寄せている [35]。父祖の歴史をたどり、幼年期の記憶をイチョウに託している。私はそれに引かれて山梨県一の宮町まで足を延ばしたことがある。私が最初にゲーテのイチョウの詩を知ったのはこの本を通じてであって、「安土往還記」や「背教者ユリアヌス」を読んで、著者のユニークな作風に触れ始めたのもその頃であった。

また、海音寺潮五郎は「二本の銀杏(ふたもとのぎんなん)」において、鹿児島北部を舞台とした作品の登場人物二人のそれぞれの家に雌雄のイチョウがあることを示して、作品の焦点がそこから展開し、一方が中心で、もう一方が副次的役割を担って展開していくことを暗示している [36]。

なお、文学作品ではないが、いくつかの子供向けの本でもイチョウについて書かれており、それらは「イチョウの話」などであるが、予想外に多いと

いう印象である。

　作品の中にイチョウが登場する場面となると、数多くある。その内で、若い時代に読んだ本を再度パラパラと繰って出くわした個所を以下に記す。

　漱石の「三四郎」[37] には、東大正門から入ったイチョウ並木が扱われているが、場所のシンボルであろう。また、島崎藤村の「破戒」を開くと、最初のところに北信濃のお寺のイチョウが登場する [38]。泉鏡花には、「化銀杏」があり、志賀直哉の「暗夜行路」にイチョウが登場するのは、千代田区氷川神社の情景であった。芥川龍之介の「鼻」でも季節の設定の役割を果たしている。宮沢賢治にも「いてふの実」がある。イチョウの多い場所の導入ないし季節感の象徴が多く、神社やお寺のシンボルでもある。また、秋の情景を深くにじませて季節感を知らせてくれる。

　このようにイチョウは、日本の文化の一部になっており、あたかも歴史時代を通じて、日本にずっと存在し続けていたかのような印象がある。

第7章

そしてイチョウは世界へ広がった

　前章に述べたように、おそらく1000年ほど前に中国から日本にもたらされたイチョウは、日本各地に広がった。そして、17世紀末にオランダ東インド会社の医師として日本を訪れたエンゲルベルト・ケンペル（Engelbert Kaempfer）は、この植物を記載し、その種子を長崎からヨーロッパへ持ち帰ったといわれている。ヨーロッパでは、イチョウは生きている化石として、また、東洋の不思議な木として人々に珍重され、ヨーロッパ各地に広がった。そして、新大陸へももたらされ、今や世界各地で栽培されている。中生代には世界に広がっていたが、その後成育地は中国に限られ、他では絶滅してしまった。イチョウは再度広がったのであるが、今度は人の手を借りて行われた。その概略を以下に示す。

　ただし、ケンペルが持って帰ったという文献的な直接的証拠はないので、確かな文献を通してのイチョウの行方の追跡がピーター・クレーン[26]によりなされた。その概要は次の通りである。リンネは、1789年秋に、ロンドンの育苗家ゴードン（J. Gordon）よりイチョウを得て、それを標本として学名 *Ginkgo biloba* L. を定めた。圃場で育てた若い植物の葉を標本としたのでこのような名前となったのであり、もしも用いた葉が成樹からのものであったら、葉の切れ目は浅いので、*biloba*（二つに裂けた葉という意味）ではなかっただろうとも推測されている。なお、第3章でも触れたように、長枝では切れ目が深い傾向があり、短枝では切れ目が浅い傾向がある。これは、イチョウがヨーロッパへ到達した証拠の時代的下限であり、実際はもっと以前である可能性がある。そこから遡ると、このゴードンをリンネに紹介したのはイギリス王立科学協会の重要メンバーであったエリス（J. Ellis）であり、

1767年の手紙が残っている。東洋でもそうであったように、年代も含め記載されているものと事実とは若干の食い違いがあるかもしれない。ゴードンは、中国で商業活動していたのであるが、1766年の時点でイギリスにおり、ロンドンの彼の種苗所でイチョウを栽培していたことは確かである。しかし、種々の状況を考慮すると、それ以前にイチョウはヨーロッパへ入っていたようである。

7·1　ヨーロッパでの拡がり

　現在ヨーロッパでもっとも古いと思われるイチョウは、ベルギー・ハッセルト (Hasselt)、ヘートベッツ (Geetbets) にあるもので、1730年に植えられたといわれている。両者はわずかに15 kmほど離れているだけであるが、年代的にはケンペルによりオランダへ持ち込まれた直後であると思われる。ベルギーといっても、当時は未だベルギーはオランダに属していた時期であるから、オランダ東インド会社 (VOC) を通してもたらされたと考えるのが妥当であろう。ところが、導入したのは中国から帰還した宣教師であるといわれているので、ケンペルとは別ルートの可能性もあり、その事実関係はわからない。また、このイチョウが雌の木であることは、もう一つの疑問を投げかける。というのは、第2章にも触れたように、ヨーロッパで雌の木が科学的に確認されたのは、デカンドール (A.P. de Candolle) によってである。1814年にジュネーブで初めて気づかれたのである。つまり、イチョウが雌雄異株であるということに人々は気付いていなかったということであろう。なお、ほとんど同時期にユトレヒトの旧植物園 (De Oude Hortus) にも見られることは、第10章で触れるが、両者の関係は明らかではない。

　イギリスにおいて、最も著名であり、最も古いと思われるものは、王立キュー植物園の「オールドライオン」と呼ばれる数本の植物（プラタナス、カシ、エンジュなど）の一本であるイチョウである。王立キュー植物園の園長公舎の近くにあり、1761年に移植されたと伝えられている。近くに種苗園を持っていたアーギル (Argyll) 公爵の敷地からキュー植物園へ、テムズ

川の水路を通じてもたらされたということである。18世紀後半にはイチョウは挿し木により繁殖されて、広範に各地へ広がった。1785年にはオランダ・ライデン大学植物園にイチョウが植えられており、1787年にはイタリア・ピサ大学のピサの斜塔近くの植物園に植えられた。フランスへは、1780年にイギリスより導入されて広がったが、その一本はパリ自然史博物館植物園に植えられた。そこから、モンペリエ大学植物園に植えられ、広がっていった。ドイツ・オーストリアへの広がりについては、第2章でシュトラスブルガー（E. Strasburger）とのかかわりで述べた。また、第10章でもゲーテとのかかわりで述べる。

　18世紀終わりころになると、これらのイチョウも成長し、生殖器官をつけるようになったが、雄花が最初に認められたのはキュー植物園と思われ、1795年である。その後各地で見られるようになった。しかし、雌花をつけることが学問的に認められたのは1814年、スイス・ジュネーブで、観察したのはスイスの植物学者デカンドール（A. P. de Candolle）であった。イチョウにおける雌雄性の発見である。これで、人々はやっとイチョウに雌雄性があることを知ったのである。この雌の枝は各地へ広がり、雄の木に接ぎ木された。その雌の枝にギンナンがなった最初が、第2章に触れたウィーン大学植物園であり、ジャッカンの植えた雄のイチョウにこの枝が継がれた。そのギンナンは、ヴェットシュタイン（R. von Wettstein）によって二週間おきにボン大学のシュトラスブルガー（E. Strasburger）の元に送られた。シュトラスブルガーがそれを用いてイチョウの受精過程を解析したことは、第2章に触れた通りである。

7・2　イチョウの新大陸への拡がり

　イチョウをアメリカに最初に導入したのは、1785年にアメリカからイギリスへ旅行した、植物学者にして造園家でもあるウィリアム・ハミルトン（William Hamilton）である。彼は、イギリスの風景に感動してイチョウをアメリカへ導入したのであった。ペンシルバニア州フィラデルフィア近郊の

ハミルトン・ウッドランドへ導入され、そこから各地へ広がった。それらは雄株で、ニューヨークのハイド・パーク近郊、サウスカロライナ州チャールストン (Charleston) のフランス庭園などに移植された。南部へ広範に拡がったが、それはフランスからの公使であったミショー (A. Michaux) により導入されたものである。ケンタッキーの陸軍予備士官学校には古いイチョウがあるが、これもその子孫である。ハーバード大学アーノルド樹木園へはそこから導入された。さらに、ミズーリ植物園、ニューヨーク植物園へも導入され、カリフォルニア大学バークレー校へも広がり、キャンパスで愛されている。しかし、それらはいずれも雄の木であり、雌の木が最初に認識されたのは、ワシントンの国立植物園が1890年頃日本公使館より入手した種子より発芽したものの中にあった。そして、イチョウへの人々の関心は、第1章で触れた1896年の平瀬作五郎のイチョウ精子発見により一層高められた。

かくしてイチョウは、オーストラリア、南アメリカなど世界各地へと広がっていった。

7・3 イチョウ成育環境

イチョウは、一旦途絶えたところにも人の手により持ち込まれ、世界中に広まった。しかし、だからと言って、あらゆる場所で栽培されている訳ではなく、成育に適当なゾーンがある。ここで、世界のどのような場所で栽培されているかを追跡してみよう。その結果、自ずと成育適地が定められるであろう。これはまた、イチョウはどのような環境条件で成育させたらいいかを知ることでもある。ここでは、その概況をまとめる。

日本では、すでに第6章に述べたように、九州から本州北部までほとんどの場所に植えられている。北海道にも、函館、松前地方を中心として古木が知られており、北海道大学構内のイチョウも著名であるが、やはり歴史的背景を反映しており、早くから開けた場所に限られている。成育するのは不可能ではないものの、絶対数が少ないのは、開けたのが遅いということも一つの要因であるが、やはり栽培には必ずしも適していないことが反映している

7・3 イチョウ成育環境

と思われる。第6章でも触れたように、北海道では街路樹としてナナカマドが最も多く、イチョウはそれに次ぐ。

中国では、元々は南西部中心であったが、現在は北方にも栽培され、温度範囲が10～18℃、雨量70～120 mmであれば、成育できるとされている。いずれにせよ、元々南西中国に広がっていたイチョウが宋代以降北方にも広がっていったようである。中国東北部でもいくつかの古い木が知られている。

朝鮮半島では、龍門寺のイチョウが有名である。これは統一新羅時代の高僧義湘により植えられたという説があるが、新羅王最後の敬順王の皇太子麻衣太子により植えられたとも言われている。もしもその通りであるとすると、1500年以上たっていることになる。これらは中国大陸から、陸上交通というより、沿岸部を伝わっての船便で伝えられたらしい。その延長にあるのが、対馬琴(きん)の1500年といわれるイチョウであると考えることは、それほど荒唐無稽ではないであろう。

イチョウにとって、アジア圏以外では最初の新天地であったヨーロッパでは、広く植えられているが、フランスでは、パリからモンペリエまで広範に栽培されている。ドイツ、オーストリアでは、第10章で詳しく触れるように、ゲーテとの関わりで至る所で栽培されている。しかしながら、北欧のフィンランドとなると、成育には適さない。デンマークでは、コペンハーゲン、南部スウェーデンのルント(Lund)では屋外で成育するが、北部のストックホルムやウプサラ(Uppsala)では屋内で育てる必要がある。なお、ロシアでは、セント・ペテルスブルクのコマロフ(Komarov)植物園では成育可能であるが、暖流の影響でやや温暖であるからである。暖流の影響を受けることのないモスクワでは成育できない。

南へ向かうと、イタリア南部のシシリア島やギリシャの島々でも栽培は難しいが、これは温度と水が原因である。一方、南半球へ行くと、オーストラリアでは、メルボルンでもシドニーでも屋外で良く生育する。ところが、ケアンズやダーウィンでは、イチョウが屋外で育っていることを見ることはない。このことからすると、緯度が重要な因子であることが推察できる。ただ

し、それだけではなく、他の環境因子も複雑に関係している。

　イチョウの分布を制限する要因は、まず第一に緯度的要因、つまり温度であるが、それぞれの土地の微気候、水の条件、海岸からの距離、また高度が関係している。この点に関して、イチョウの新天地アメリカ合衆国では、環境条件の幅が広いので、農務省によって栽培適地ゾーンが公表されており、これが一つの基準になる。それによると、イチョウはゾーン5に属し、これは年最低気温の平均値が－28.9℃である。特に、イチョウは寒冷地に強いことが特徴である。これは、イチョウが落葉することと大きく関わっている。落葉により、まず葉での氷晶形成を防ぐことができる。また、冬季に葉よりの蒸散がないので、地下水の供給と輸送に伴う障害を防ぐことになる。道管を通過する水の凍結による水流の遮断も防がれる。いわゆるエンボリズムの回避である。エンボリズムが起こると植物は枯死に至る。水の流れが途切れると植物にとって致命的であることは、第3章で触れた通りである。また、落葉した後の冬芽は厚い鱗片で覆われており、これにより幼芽は厳しい冬を耐えることができる。

　植物の成長には、温度が重要な要因であるが、イチョウの場合、受精してから次に発芽するまでの期間が、他の植物とは異なる様式であることも重要である。イチョウでは、花粉は雄の木において4月～5月にでき、花粉は飛散して、その直後に雌の木で受粉が起こる。第2章で述べたように、花粉管を伸ばし、胚珠組織の中に根のような足を延ばし、そこで雌樹から養分の供給を受ける。そして、9月初めにほんの一日のみ精子ができて、精子は卵細胞まで短距離を泳いで受精が起こる。受精した胚の成長は地に落ちたギンナンの中で進行して、幼植物ができる。その幼植物は、翌年発芽して実生となる。この過程を、ハーバード大学アーノルド樹木園のピーター・デル・トレディチ（Peter Del Tredici）は、北緯42度のアメリカ・ボストンと北緯35度の中国貴州省において、発芽の様子を比較した。その結果、植物自体の成長にはそれほど差がないが、種子の幼芽の発生で両者には大きな差があることがわかった。このことは、アメリカ東北部でのイチョウの成育には重要な

関わりがあり、若い実生の成育に決定的であることが判明した。マサチューセッツで調べたトレディチは、イチョウも温室で成育する限り、受精後233〜234日で幼植物になるが、屋外では寒気のため幼植物の発生が遅れることを示した。受精し、地に落ちた種子の中で進行する発生初期段階で、厳しい寒気にさらされると、成育が制限されることを示している。

植物にとって光条件は一般的には重要であるが、イチョウの場合にはそれほど重大な影響を与えることがないらしい。というのも、5500万年前に地球が温暖であった時代には、北緯70度の北部アラスカでも北緯80後のスピッツベルゲンでも、イチョウが成育していたことが化石の証拠からわかっているからである。そこでは、夏は白夜であり、太陽は沈まないが、冬には連続して夜が続いていた。そこでもイチョウは自己繁殖することができていたのである。

一方、温暖過ぎる場所には成育できない傾向にあることが知られている。中部フロリダのディズニーランドの動物王国では、恐竜ワールドにふさわしい植物としてイチョウが植えられているが、その成育のためには、直射日光を避け、水の供給が十分であるようにすることが必要ということで、給水に特別な配慮がなされているということである。また、メキシコでは、首都メキシコ・シティーのような高地では成育できるが、低地では育たない。ブラジル南部では、サンパウロなどでは野外で成育しているが、アマゾナス（Amazonas）のような乾燥した熱帯性気候では成育できない。中国でも、南部のベトナム、タイ国境に接するシーサンパンナ（西双版納）などでは成育は難しいということである。北半球南部、南半球北部の熱帯圏を中心とした温暖過ぎる土地でイチョウが成育しにくい理由は明瞭ではないが、休眠はないものの適当な寒気が必要で、春化処理（ヴァーナリゼーション）のような生理的条件の必要性が考えられている。春化処理は、多くの植物において、栄養繁殖から生殖サイクルへの転換の信号となっていることが多い。

以上のように、イチョウは、温帯圏には広く成育することができ、低温にはある程度耐性があることが特徴である。しかしながら、温暖過ぎる気候は

成育には不向きである。特に、水の十分な供給が重要であるが、一方で水没が続くことは、悪影響を及ぼす。また、受精後の胚の発生が他の植物とやや異なるので、この条件に適う場所が成育に適正な場所であると言えよう。いずれにせよ、わずかの間に世界中に広がっていったことは驚異的であり、しかも人の手が関与していることが重要である。この意義は再度、第12章で考察する。

第8章

医薬品としてのイチョウ

　ギンナンは、漢方薬として利用されてきたが、現在注目をあびているのは葉より調製されたイチョウ葉成分である。ここでは、ギンナンの白果と葉から調製した医薬品について概略する。

8・1　白　果

　イチョウが日本へ持ち込まれた一つの理由として医薬品としての利用がある。実際、ギンナンは漢方では白果といい、咳止め、喘息などに用いられてきた。第6章でふれた、弘法大師伝説が出てくるのもその関連であり、シナン（新安）沈船から見つかったギンナンも、医薬品として用いられる植物種子群の中にあった。このようなことから、少なくとも白果は医薬品の範疇に入っており、現在も処方されている。

　漢方では白果仁は、黄色の痰が出て口が渇き、胸痛のあるような症状のとき鎮咳去痰薬として処方される。また、夜尿症の際にも処方され、用いられている。ただし、過剰に投与すると発熱し、嘔吐するなどの中毒症状があるので、摂取量には注意しなければならないというのは、漢方処方の教えてくれる知識である。なお、ギンナンの果実の外側には、ギンコール酸などがあり、皮膚がかぶれるので気を付ける必要がある。

8・2　イチョウ葉

　最近話題になり、注目されているのは、イチョウ葉の成分より得た薬用成分である。葉にもかぶれるような成分ギンコール酸が含まれているので、葉そのものを抽出した成分は、薬用には利用されていない。このため、抽出物

から、かぶれをおこす成分を除いた成分が利用される。含まれる主要な成分は、フラボノイドとテルペノイドである。これらが利用されるようになったのは第二次世界大戦後であり、しかも盛んになったのは1960年以降である。なお、この発想の発端は、かつてチベットの民間療法で用いられていたことであるとは、ドイツ・カールスルーエのシュヴァーベ社（K. Schwabe）で伺ったことである。ここでは、まず、フラボノイドとギンコライドについての概要を述べる [39, 40]。

フラボノイド

フラボノイドはフラボンに属し、分子構造は図に示すように三つの環からなっている。なお、フラボン類は、植物代謝系においてフェニルアラニンを前駆体として、フェニルアラニンアンモニアリアーゼ（PAL）とカルコン合成酵素（CHS）によって合成される代表的な植物の二次代謝産物である。こ

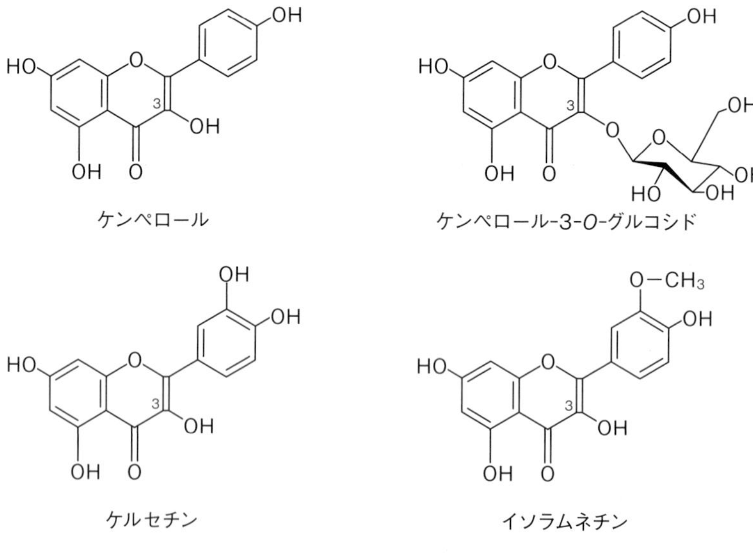

ケンペロール

ケンペロール-3-O-グルコシド

ケルセチン

イソラムネチン

図8・1　フラボノイド
　　ケンペロール、ケンペロール-3-O-グルコシド、ケルセチン、イソラムネチン

の代謝系において、PALやCHSが重要な役割を果たし、二次代謝物質合成の要となっている。フラボン類には、植物色素アントシアンなども属する。大部分のフラボノイドが健康増進に関わっているが、そうでないものも若干あり、それらはバイフラボン、ギンコチンである。フラボノイドは、多くが配糖体であり、フラバノールグリコシドであり、ケンペロール、ケルセチン、イソラムネチンで、これらはいずれも3位の炭素についている（構造式は、図8・1参照）。

テルペノイド

イチョウ葉には、特徴的なテルペノイドとして、ギンコライドA、ギンコライドB、ギンコライドC、ギンコライドJ（構造式は図8・2参照）がある。テルペノイドは、広く植物に分布するが、ギンコライドは、イチョウにのみ見られている化合物である。なお、テルペノイドは炭素数5をユニットとする化合物であり、イソプレノイドを経て合成され、多く炭素数は5の倍数であることが多く、様々な化合物がある。イチョウ葉での含量は少なく

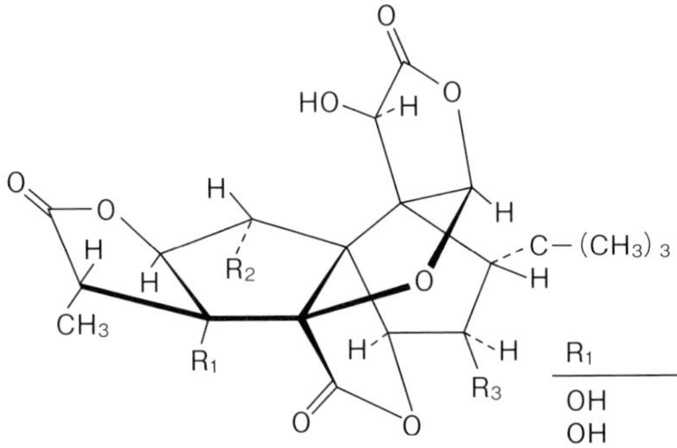

R_1	R_2	R_3	Ginkgolide
OH	H	H	A
OH	OH	H	B
OH	OH	OH	C
OH	H	OH	J
H	OH	OH	M

図8・2　ギンコライド（テルペノイドの一種）
　R_1, R_2, R_3へのH基、OH基の違いによりギンコライドは、
　A、B、C、J、Mと名付けられる。

0.09％程度であるが、薬剤では濃度が高められている（後述）。また、ギンコライドの構造は大変複雑で、この合成を行ったエリアス・コーレー（Elias J. Corey）博士は、1970年ノーベル化学賞を得たが、その対象には、ギンコライドの化学合成も含まれている。

8·2·1　イチョウ葉エキス

　イチョウの葉のエキスには医薬品効果が認められているが、この効果については注意しなければならない点がある。一つには葉エキスは混合物であるので、どのような成分がどの程度含まれていたら効果があるか、という点である。そのため、薬用には一定の基準が設けられている。もう一点は、法律的な問題点である。ドイツやフランスでは、混合物も医薬品として認められているので、イチョウ葉エキスは医薬品である。ところが、日本の薬事法では単一な化合物のみが医薬品として認められている。混合物は医薬品とみなされておらず、それらは、健康補助食品という範疇に入る。そこで、医薬品として認められているドイツの事例を紹介する。ドイツ連邦医薬品局で、混合物が医薬品として認められている根拠は、単独では効果が弱いか、効果がないものが、他の成分が加わることにより、効果が顕著になるものがあるということからである。

　ドイツではイチョウ葉エキスについて、二つの処方が医薬品として挙げられている。すなわち、シュヴァーベ社（W. Schwabe、カールスルーエ）のEGb761と、リヒトヴァー社（Lichtwer、ベルリン）のLI1370である。葉から成分を抽出した場合には、フラバノールグリコシドは2％程度であるが、上記処方によると24～25％まで高められている。また、テルペンラクトンは6％であり、害作用をもたらすイチョウ酸は0.005％以下である。すなわち、抽出して、害成分は除き、有効成分が濃縮されている。なお、ドイツ連邦医薬品局で認めている医薬品としての標準含量は、22～27％フラバノールグリコシド、5～7％テルペンラクトン（ギンコライドA、B、C、Jが2.8％、ビロバライドが2.6～3.2％である）であり、イチョウ酸は0.005％以下である。

また、これらの成分を抽出するために、大規模なプランテーション栽培が行われており、そこから収穫された若いイチョウ葉を材料として、有機溶媒で抽出し、濃縮している。イチョウの畑があるのである。なお、老化して黄葉になったイチョウでは、これら有用成分はほとんど認められない。

8・2・2　イチョウ葉エキスの薬理学的効果

上記のイチョウ葉エキス EGb761 や LI1370 では、血流の促進効果が認められている。具体的には、脳の血流は加齢により、また神経細胞の死により阻害が起こるが、それらの改善である。また、四肢の血流阻害は、しばしば痛みを伴い、組織の死に至る場合があるが、それらへの有効な効果も認められた。一方、イチョウ葉エキスはフリーラジカルを不活性化することに働く。フリーラジカルは、脂質過酸化、血小板凝集、炎症反応などを引き起こし、神経細胞や組織の損傷をもたらすことが知られており、それらの結果として、生活習慣病や老化の原因となっていると考えられている。これらフリーラジカルの捕捉には、フラボノイドが有効であることが示されている。

さらに、血小板活性化因子の抑止に働く。血小板活性化因子は、白血球、マクロファージ他に存在し、これらの細胞が刺激を受けた時に、細胞膜から遊離される因子であり、これにより、血小板凝集、活性酸素の放出、微細血管の透過性の亢進などをもたらす。その結果、血栓形成、アレルギー反応、炎症、気管支収縮、脳循環系の機能障害を引き起こすことになる。イチョウ葉エキスは、血小板活性化因子を特異的に阻害することが示されている。特にギンコライド B に強い抑制活性が認められており、赤血球の凝集を防ぐことになる。

これらの作用の総合的効果として、虚血（イシェミー）に効果があり、血流の促進に効果が見られた。また、虚血に際して起こる低酸素状態の回避に働いていた。EGb761 の特徴は、動脈、静脈、毛細血管のいずれにも作用し、三種血管調整効果を示すことである。

8・2・3　イチョウ葉エキスの臨床効果

　上記薬理学的効果だけでなく、臨床試験において実際患者に投与しても、EGb761 や LI1370 の効果が認められている。いわゆる認知症であるが、明確な症状に対してより、その予備段階に対して効果が期待されている。1992 年にそれまでの 40 の症例がまとめられたが、一例を除いていずれも有効であった。特に、脳機能の衰退に及ぼすイチョウ葉の効果は顕著であった。なお、プラセボ（偽薬）を活用した二重盲検によって効果が認められているが、それらはドイツの一般医師会によって行われ、毎日 150 mg のイチョウ葉エキスが二週間患者に投与された。日本における消費者庁の評価は後述する。

　記憶力の改善は、特に数字の配列テストで、対照群と比べて有意に効果が認められた。また、興味あることに、血流の阻害により起こる多機能障害の他に、原因はまったく異なるアルツハイマー症にも効果が見られたが、その理由については未だ明らかにされていない。さらに特記すべきは、副作用がほとんど見られなかったことである。

　このようにイチョウ葉エキスは医薬品効果が認められているが、1990 年前後数年のデータでは、ドイツですべての医薬品の中で最もよく売れたのはシュヴァーベ社製の商標名テボニン（Tebonin）であり、フランスでは二番目に売れたのがボフール（Beaufur）／イプセン（Ipsen）社製のタナカン（Tanakan）であるということであったが、たまたま空港の書店で買ったドイツ語圏の総合週刊誌シュピーゲル誌（Der Spiegel）にテボニンの広告を見て実感することができた。さて、EGb761 あるいはテボニンの効果としては、脳の活性を高め、記憶の持続に効果があると大きく謳われているが、見てきたように基本的には血流の改善とその成分の改善であるので、効果はあるといっても微妙な点もあることは指摘しなければならない。二重盲検でも効果はあるが、その差は微妙なところもある。アルツハイマーにも効果があるという報告もあるが、その分子機構についてはなお不明である。ただし、副作用などがほとんど見られないので、効果が緩慢であっても、長期間には有効であるとも考えられる。消費量の多さは、このような事実を反映してい

るかもしれない。

　なお、先に述べたように、日本ではイチョウ葉エキスは医薬品として認められていないが、健康補助食品（サプリメント）として、シュヴァーベ社や常盤化学薬品研究所他の製品が販売されている。一つ補足すると、厚生労働省のホームページにもあるように、イチョウ葉エキスの抽出法が、欧米と日本ではやや異なり、欧米ではアセトンと水抽出であるが、日本ではエタノールと水抽出なので、同様といっても成分に若干の違いがあることは注意しなければならない。また、一般雑誌などで、イチョウ葉を自ら煎じて飲むと効果があるなど紹介されていることがあるが絶対に避けるべきである。というのは、ギンコール酸などはかぶれるなど明瞭な危険があるからである。

　最近、消費者庁から「食品の機能性評価モデル事業」の結果が発表された。健康補助食品に関して、ランクがA、B、C、D、E、Fと分けられたが、イチョウ葉エキスに関しては、認知機能改善はBであり、血流改善はCであった。これは、使用に関して利用者の判断基準となろう。因みに、Aとされたのはオメガ3系油脂であるドコサヘキサエン酸（DHA）、エイコサペンタエン酸（EPA）であった。

コラム　シュヴァーベ社見学記

　私は1997年夏に、イチョウ葉エキスを製造しているドイツ・カールスルーエにあるシュヴァーベ社を見学した。同社は伝統的に植物を使って医薬品を製造しており、イチョウ葉の抽出物EGb761が主力である。そこでミュンヘン大学ハップス（M. Habs）教授にも会った。その他に、植物起源で同様に医薬効果が認められている薬として、西洋オトギリソウ（英名 St. John's wort、*Hypericum perforatum*）の抽出物によるうつ病治療薬や、北米原産のノコギリヤシ（*Serenoa serrulata*）果実抽出物による前立腺肥大治療薬などの存在を知った。なお、第3章でも触れた木村陽二郎博士の元々の専門はオトギリソウ科植物の分類であり、日本産のオトギリソウ（弟切草）（*Hypericum erectum*）は

> 往古、鷹治療の秘薬で、鷹匠晴頼は、そのことを人に漏らした弟を切ったということからこの名前が付いたとは木村博士に伺ったことである。平安時代花山上皇の時代にさかのぼる伝承である。

　ギンコライドはこれまでのところイチョウにしか見いだされず、しかも最も現代的な病状に効果が見られる。なぜイチョウにそのような物質が作られたのかは興味深く、自然界の不思議を感じないわけにはいかない。

　なお、イチョウ葉の有効成分は若い葉にしか見られず、黄葉などではまったく見られない。そこで、イチョウ葉の成分を得るために若いイチョウを栽培し、葉を収穫するプランテーションがアメリカ、フランスなど世界各地にある。日本でも福島県などにあり、現場を見たことはないが、見せていただいた写真によると、3 m程度のイチョウが広い圃場に等間隔で並んでいるのは壮観である。これらの幼木の葉から薬効成分の抽出が行われている。

第9章

ケンペルがイチョウを Ginkgo と呼んだ

　第2章で述べたように、エンゲルベルト・ケンペル（Engelbert Kaempfer）は1693年10月にオランダへ帰り、それまでの探検旅行の成果をまとめて学位論文としてライデン大学へ提出して、医学博士号を得た。その内容は、「廻国奇観」（Amoenitatum Exoticarum、直訳すれば異国の珍奇）（副題として、Politico-Physico Medicarum, Fasciculi V があり、直訳すれば政治的・科学的報告、全5巻）に発表されているテーマのうち第3巻で扱われている「植虫類、カスピ海の苦水、天然のミイラ、電気魚、蛇血、ゴイネア虫、陰嚢水腫、骨腫瘍、日本の疝痛療法としての鍼灸術、モグサ」の10項目であった [41]。鍼灸とモグサは日本での話題である。その後、レムゴー（Lemgo）近郊リーメ・シュタインホーフへ帰り、リッペ（Lippe）伯爵フリードリッヒ・アドルフ（Friedrich Adolph）の侍医となり研究成果を発表すべく努めたが、当人の弁によれば、診療などに多忙ですぐには達成されなかった。

9・1　廻国奇観

　ケンペルの学術上の大きな貢献は、帰国後1712年にラテン語で書かれた「廻国奇観」をレムゴーで自らの費用負担で刊行したことであるが、帰国後すでに19年経過していた。これは、大変な労力と時間を要し、資力も要した。その内容が多くの人々に期待されていたことは、親交のあった哲学者であり、微積分法の発見者の一人ゴットフリート・ライプニッツ（Gottfried Leibniz）が、「ケンペル博士はどうしているか？　彼の旅行記の出版は未だか？」と述べていることによってもわかる。実際、多くの人々が出版を期待していたのである。彼の歴訪した国々の旅行見聞記であり、ペルシャではカスピ海で

第 9 章　ケンペルがイチョウを Ginkgo と呼んだ

図 9・1　イチョウ（ケンペル）
ケンペル著 Amoenitatum Exoticarum 第 5 章に登場するイチョウ図。ここでイチョウは Ginkgo と名付けられた。これによりイチョウの学名 *Ginkgo biloba* が、リンネにより与えられた。この図において、ギンナンは通常短枝に付くので、この図はある程度想像を交えて描いたとも推定されている。

産出するナフサについて初めて述べ、ペルセポリスでは楔形文字を見た。楔形文字の存在を報告したのは二番目であるが、今日楔形文字を英語などで Cuneiform とする表記は、彼の記載に由来する。学者にして探検家の面目躍如の本であるが、その第 5 巻は日本の植物に関して書かれている。

　この本の波及の一つは、スウィフトの「ガリバー旅行記」に見ることができる。1726 年に発表されたこの本の第 11 章は、「日本旅行記」にあてられている。1709 年ラグラクから日本へ渡航し、江戸で帝に会い、踏絵の話も出てくるが、やがて帰国を許されて、長崎（Nangasaki と書かれている）へ行き、オランダ船に乗ってアムステルダムへ帰った。そして、ロンドンへ帰ったという話は、ケンペルの廻国奇観を抜きにしては考えられない。

　廻国奇観にイチョウが登場し、Ginkgo と表記されている。これをもとに、植物分類学の祖カール・リンネ（Carl von Linné、Carolus Linnaeus）は、イチョウの学名として *Ginkgo biloba* L. を与えた。*biloba* は、第 7 章で述べたように、

葉が二裂していることに由来している。

　日本、あるいは欧米で刊行されている書物、辞典類を見ると、ケンペルがイチョウの音を聞きちがえたので、このようなスペルになったのであって、本来 Ginkyo であろうと書かれている。ところが、もう一つの説もある。ケンペルは北ドイツ レムゴーの出身であり、そこでは g は i と発音するので、必ずしも聞き違いではないというのである。後者は、学生時代当時の植物系統・発生学の故前川文夫教授に伺い、また、故堀 輝三教授も述べていることである [30]。なお、日本語のイチョウは、鴨脚に由来しているが、漢字として銀杏が充てられていることはいくつかの考証 [42] にあるとおりである。下鴨神社の社家は代々鴨脚家であるが、現在は下鴨神社の社家に鴨脚家はないということである。2012 年 3 月に下鴨神社の付近を散歩した折に、近くに鴨脚の表札を見かけたので、なお関連ある人々は近くに住んでいる。また、'The History of Japan' [43] には、イチョウは、堅果であり Ginau として登場し、ピスタチオに似ており、植物は Itsionoki といい、詳しくは「廻国奇観」を参照されたいと述べている。なお、この Ginau は、「廻国奇観」には Ginan と出ているので、印刷の誤りであろう。

9・1・1　Ginkgo 誤記説

　この誤記説がどのようにして成立したかが気になっていたが、ある折本屋でふと手に取って見た、医学者にして、書誌に詳しい平沢 一の「書物航游」でそのヒントが得られた [44]。それによると、誤記説を主張しているのは、医師にして詩人の木下杢太郎で、1920 年に雑誌「学燈」へエッセーを寄稿しているということであった。そこで、学燈を東京大学総合図書館で見ると、次のような次第であることがわかった。木下は東北帝国大学で上記「廻国奇観」を見て、このような説を述べたのである。いわく、「畢竟（つまるところ）y を誤って g としただけの事である。この書写や校合の誤の為めに、われわれまでがギンクゴオなどという言ひにくい名を用ゐなければならぬやうな運命になってしまったのである」。それ以上遡れるものは把握できていないの

で、これがケンペル聞き違え説の元として論を進める。なお、1905年に植物学雑誌の記事に、無記名で「yとすべきをgとした」と出ているが、単なる思い付きの発言としかみなせないので、ここでは考慮しない。私も東京大学附属植物園蔵の「廻国奇観」を見ることができたので、廻国奇観に載せられているすべての植物について、その表記と併せて載せられている漢字表記を調べた。考証は一次資料によるべきで、それはケンペルの書いたものでなければならないからである。なお、イチョウは図示されているので、そのコピーを図9・1に示す。そこに、ラテン語で説明があり、漢字で「銀杏」と添えられている。

　その結果、木下の聞き違い説は誤りであるという結論になったので、それを以下に紹介する。なお、この本は元々中井猛之進教授の私蔵本で、後に大学図書室へ寄贈になったものである。中井教授が、内藤誠太郎の息であることは、第4章で述べた。また、北ドイツでは、g、iを区別しないというのも適当ではないと判断した。以下、それらの根拠を述べよう。

9・1・2 「廻国奇観」のイチョウの説明

　ケンペルが「廻国奇観」で行っているイチョウの説明を以下に訳出する。元はラテン語であるが、独訳[40]から訳出した。

銀杏またはギンナン、俗にはイチョウ
　クジャクシダ様の葉を持ち、堅果を付ける樹木。この樹は、クルミのように大きく育ち、丈が高く、太い幹を持ち、多くの枝を付ける。灰白色の樹皮を持ち、年経ると樹皮は粗くなる。材は、軽く、柔らかくて、強度には欠ける。髄は柔らかくスポンジ状である。
　葉は交互に枝につき、一葉または数葉の葉をつけ、その大きさは2.5〜7.5 cm である。上部にまとまって付き、葉は初め狭長であるが、しばらくすると7〜9 cm となり、クジャクシダ状になる。葉の外縁は弓状になり、不規則に凹みがあり、中心部は深く切れ込む。薄くて光沢があり、表面は滑らかで、

暗緑色である。秋には黄色になり、やがて赤褐色になる。葉の両面とも同様な形態で、晩春に雄花が下がるように付く。2.5 cm程度の円形あるいは楕円状の果実をつけるが、それはダマスクスのアンズのようである。時間がたつと表面はゴツゴツになる。核果はぴったりついているのですぐにはとることができず、水につけて、サゴヤシの実のようにすると取ることができる。

堅果はギンナンといい、ピスタチオに似ている。特に、ペルシャのベルギース・ピスタチオに似ているが、大きさは、その倍くらいでアンズの堅果に似ている。薄い皮状のものに囲まれており、そこには白く硬い皮がある。アーモンド様で甘みがあるが、やや苦い。

食後に食べると、その核果は消化を助け、食事で膨らんだ胃を鎮める。それゆえ食後のデザートには欠かせない。苦みをとってから、様々な料理への添え物として用いられる。核果は、大変高価であり、1ポンドがおよそ2ドラクマ（7.5 g）の銀に相当する。

9・1・3　Ginkgoの検証

まず、木下説が成立するとした場合、もしも、i, g, j, yをケンペルが区別して使っていたら成立しなくなるであろう。表9・1に示したように、すべて使い分けている。薑（キョウ、ショウガ）は、Kjoo、Ssonga、Fasi Kami（ハジカミ）、杏（キョウ、カラモモ）は、Kjoo、Karamomuであり、山橘（サンキツ、SanKitz、俗にJamma Tadjibanna）である。ビワは、Bywaと表記されているので、ビューワであろう。鼠桂（ネズミモチ）は、Nysimi motsjに相当するが、Tanna wattasj, Jubetaは後で考察する。前者はニュジミモチと読める。それでは、Ginkgoに近いものがあるかというと、イチゴItzingoであり、イチンゴであろう。とするとGinkgoは、ギンクーゴと、喉にかかった音であるかもしれない。また、'The History of Japan'第4巻、第1章に、長崎（Nagasaki）をしばしばNangasakiと表記されていることも同列の事例であろう。実際、第1巻、第1章では最初にNangasakiとして登場しているが、第3章ではNagasakiと記している。また、前にふれたように、ガリバー旅

表 9・1 「廻国奇観」に載せられている植物名とその音表記の例

アルファベット	表記例
I	イモ（芋）は、Imo、U（ウ） イチゴは、Itzingo、李（スモモ）は、（Ri、Ssumomu）と表記されている。
J	ヤマタチバナ（山橘）は、Sankitz、俗に Jamma Tadsjbanna、Jamma Tajibanna という。 キョウ（杏）は、Kjoo、Karamomu キョウ（薑）Kjoo、Ssjonga、Fasi Kami
G	イチゴ（苺）は、Itzingo、Foo、Mou イチョウ（銀杏）は、Ginkgo、Ginan、Icho
Y	ビワ（枇杷）は、Bywa、ネズミモチ（鼠桂）は、Nysimi motsj、Tanna wattasj、Jubeta
その他	ハナ（花）は、Fanna、ヒョウ（瓢）は、FeO モモ（桃）は、Too、俗に Momu、ナシ（梨）は、Ri、Nas、Pyrus と表記

行記にも長崎が Nangasaki として出ている。そして、多くは、最初に漢字の音をあて、しばしば俗音（Vulgo）として、日本語の普通の音をあてている。ドイツ語では、Y、y は、Ypsilon であり、そもそも使用頻度が少ないアルファベットであることを考慮すると、ビワを Bywa と表記し、ネズミモチを Nysimi motsj と表記したことを追跡すべきであろう。事実ドイツ語の辞書、例えば手元の Wahrig Deutsches Wörterbuch には、Ginkgo と並んで Ginkjo とあるので、これはギンキョウの音に相当するであろう。

　なお、これはケンペルが分綴法を守っているという前提に立つが、廻国奇観の索引には、Gink-go とでているので、これもギンクーゴと読むことを支持するかもしれない。また、表 9・1 において、g を i と読む積極的な例もない。むしろ、それぞれの音をほぼドイツ語の発音と表記に忠実に再現しているというべきであろう。また、かなりユニークな表記法を用いているといえる。その他の例を以下に挙げる。花は、Fana と表されているので、ファナであり、瓢（ヒョウ）は、FeO と書いているので、フェオであろう。榧（カヤ、ヒ Fi、カヤ Kaji、Taxus はイチイと似ているとみなしているのであろう）、稗（ヒエ、ヘイ Fai、ヒエ Fije）、桃（モモ）は、一貫してモモ Momu で、梨（ナシ）は、ナシ Nas である。栗（クリ、リツ Ritz、クリ Kuri）、茶（チャ、

タ Ta、サ Sa、テ Teh)、瓜（ウリ、クァ Kwa、ハリウリ Fari uri、シロウリ Sjiroori、ツケウリ Tske uri)、葱（ネギ、ソー Soo、ヒトモジ Fitomosi）である。表記には、最初音を述べ、次に訓を続けている。

　これらから言えることは、ケンペルは、i、g、j、y を区別して使い分けていることである。Fanna ハナ、Momu モモ、Nas ナシは、当時の読みを反映していると推定される。また、ネズミモチを、タニワタリと呼ぶのは九州であるので、Tanna wattasji に相当するのであろう。また、Jubeta はイボタに相当し、これは、鹿児島では、ネズミモチをイボタということに対応するであろう（地方名は、「図説 花と樹の大事典」（柏書房、1996年）[70] を参照）。なお、ネズミモチもイボタも近縁であり、いずれもモクセイ科イボタノキ *Lingstrum* 属である。ネギを俗にヒトモジとは訓蒙図彙に出ており、長崎辺りではフトモジということは（図説 花と樹の大事典）、方言が反映されていると推定できる。また、中世において、花はファナと発音していたという国語学の説明と合致する。なお、ケンペルは、'The History of Japan' で、h と f とは音として異なることにも触れている。音韻的にむしろ正確を期そうとしているといえよう。とすると、このように読んだのは誰か、あるいは発音したのは誰かということになる。

9・1・4　廻国奇観の日本の植物

　ここで改めて、「廻国奇観」第5巻がどのような構成になっているか見てみよう。そこに登場する植物群は、五つのグループに分かれている。① 液果、核果類、② ナシ科などの果実、堅果、③ 野菜、穀類、マメ科植物、④ 花卉類、⑤ その他として、スギ、ヒノキ類、シダで、それぞれに図が添えられており、説明が加えられている。イチョウはその第2グループにあるので、堅果として区分けされていることになる。また、ダイズ（Daidsu）は③に登場し、イチョウもダイズもケンペルによって紹介されて、その後世界に広がっていった。明らかに分類体系は利用目的により配置されているので、自然分類ではない。ただし、それはリンネ以前であるということで、当時としてはやむを

得ないことであろうし、実際それは、アンドレアス・クライヤー（Andreas Cleyer）の方式にならっている。むしろ、分類学の祖リンネがケンペルの記載を尊重していることの方が重要ととるべきであろう。

　現地名を嫌ったリンネは、アダンソン（M. Adanson）がバオバブに属名として Baobab とつけようとしたとき、それに反対して *Adansonia* としたが（木村陽二郎「ナチュラリストの系譜」中公新書、1983 [71]）、ケンペルの場合には彼を尊重して、イチョウは *Ginkgo*、アオキの属名は *Aucuba* を、ヤツデの属名は *Fatsia* を採用している。*Aucuba* はアオキの方言アオキバに由来し、*Fatsia* は、ヤツデの「八つ手」であり、「八つ」の方言に由来している。ただし、日本の植物の学名は、ケンペルの後の 1775 年〜1776 年日本を訪れたリンネの使徒チュンベリー（C. P. Thunberg）によって多くが定められたが、表記はケンペルのものを用いた。チュンベリーは、ケンペルの 80 余年後に VOC の医師として日本へ来た。帰国後、「日本植物誌」（Flora Japonica）を刊行して、多くの日本の植物に学名を与えた。第 2 章で述べたように、これをシーボルト（P. F. von Siebold）より贈られた伊藤圭介は、「泰西本草名疏」を著し、リンネ式の命名法を日本で紹介したが、それは 1829 年であった。

コラム　チュンベリー（Carl Peter Thunberg）

　チュンベリーは、1743 年スウェーデン南部生まれのリンネの使徒である。医学博士号取得後、パリへ行く途中アムステルダム大学バウマン（G. Bauman）教授に会い、南アフリカの探検・調査を薦められたことから、その人生は変わった。当時オランダ領であった南アフリカで植生調査を行い、世界的にも固有植物がきわめて多いテーブルマウンテンを初めとする、ユニークな南アフリカの調査を、イギリスの伝説的プラントハンターであるマッソン（F. Masson）とともに 2 年にわたり行った。植物はマッソンによりイギリス王立キュー植物園のバンクス（J. Banks）卿の下へ送られ、動植物調査とその報告はチュンベリーにより行われた。マッソンにより送られたものは、ペ

ラルゴニウム（*Pelargonium*）などであり、今日世界中に広がっている。チュンベリーは、そこで習ったオランダ語を武器に日本へ向かい、1775年より1年間オランダ人として出島に滞在し、江戸参府も一度果たして後にオランダへ帰国した。その後、故国スウェーデンへ帰り、リンネの占めていた席に座ってウプサラ大学の教授となり、後に学長にもなり多くの栄誉を受けた。

注目すべきは、VOCの医師として日本へ来た最も著名なケンペル、チュンベリー、シーボルトは、いずれもオランダ人ではなく、二人はドイツ人、一人はスウェーデン人であったことである。なお、VOCの従事者は、時代にもよるが、30％はドイツ人であったという統計データもあり、30年戦争は1648年のウェストファリア条約で終結したが、疲弊したドイツより来た多くの人が従事していたようである。

コラム　ケンペル標本との出会い

ここで、私が思いがけずケンペルの標本に出会った話を加える。2006年秋にイギリスであったヨーロッパ分子生物学研究機構（EMBO）のメンバーズ会議の後、オックスフォード大学の友人リーバー（Chris Leaver）教授を訪問した。彼は伝統あるセントジョーンズ・カレッジの教授でもあるので、そこに泊めてもらいイギリスのカレッジの特別な雰囲気を経験した。ロバート・フック（Robert Hooke）のミクログラフィア（Micrographia）を見たいという希望を出していたので、それは見せていただいたが、期待に反しそれは1666年刊の第二版であった。東京大学附属植物園には1665年刊の初版があり、それとの比較をもくろんだが、それは果たせなかった。しかし、初版を所有している国はきわめてまれであるが、イギリスには22冊あることを教えてもらったことは収穫であった。なお、その後、東京工業大学名誉教授　大島泰郎　博士より東京薬科大学にも初版があることを教えていただいたので、日本には2冊あることになる。なお、ミクログラフィアは大変面白い本で、フッ

クは宇宙の真理を知るために、顕微鏡を作ってミクロの世界で細胞を発見し、マクロには望遠鏡で星を観察し、すばる（プレアデス星団）の観察で終わっているというように、実に気宇壮大な本である。

　このような私の嗜好をご存知だったリーバー教授は、オックスフォード大学の標本室、すなわち、シェランド標本室（Sherandian Herbarium）を案内してくれた。驚いたことに、見せられたのはケンペルゆかりの植物バンウコンの標本であり、日本への途次、シャム（現在のタイ）で採集したものであった。しかも、この植物はケンペルにちなんで、リンネにより設けられた属名がつけられていた。学名は、*Kaempferia galanga* L. で、シブソープ（J. Sibthorp）教授の書き込みがあった。シブソープは18世紀の著名な分類学者であり、中近東レバント地方の植物調査で知られている。その席は代々シブソープ教授と呼ばれており、リーバー教授も、シブソープ教授職のリーバー教授と呼ばれていた。これらの標本類は、ミュンヘン大学のホッペ（B. Hoppe）教授のスタッフである、ラウシェンバッハ（B. Rauschenbach）女史によって調査されていた。全部で30種のケンペルにちなむ標本が発見されたが、それらには初代のシェランド教授であったディレニウス（J. J. Dillenius）教授の書き込みがあった。ちなみに、オックスフォード大学には今日でも植物学教授は2名しかいない。

　見せていただいた標本は、次に触れるスローンコレクションの一部か、あるいは、それ以前に散逸した標本であるかは判明しなかった。ケンペルのその他の標本の大部分は、ロンドンの自然史博物館に収められている。

9・2　「日本誌」の成立まで

　ケンペルは、自らレムゴーで「廻国奇観」[41] を刊行した。彼の没後大分経過して、その研究成果の全容である「日本誌」が刊行された最初は英語版'The History of Japan'であり、没後11年のことであった [43]。その後ドイツ語版も出たが、それは61年後であった [45]。これには経緯がある。ケンペルの没後、遺品はそれを受け継いだ甥ヨハン・ヘルマン・ケンペル（Johann

Hermann Kaempfer）によって、散逸の危機にさらされた。これを知ったイギリス王立科学協会の会長ハンス・スローン卿（Sir Hans Sloane）は、相当な対価を払ってこれを購入し、これらは大英博物館創始の際のコアとなった。しかし、入手に至るまでには相当な紆余曲折があった。まず、当初は、入手の代理人としてシュタイガータール（J. G. Steigerthal）が働いた。後にツォルマン（P. H. Zollman）が交渉にあたったが、これには、イギリス国王ジョージ1世は元々ハノーファー選帝侯であり、そこからイギリス王位についたことが大きく関係している。まだその時点では、「日本誌」という名前ではなく、「今日の日本」というような仮のタイトルであった。ヨハン・ヘルマンは原稿を手放すことを渋ったが、最終的にツォルマンが強い出版の意志を示したことで譲渡に同意した。その理由は、ヨハン・ヘルマンの方も、入手はされたが印刷に移されないことを恐れていたのである。その後さらに、地図、図、表、花の絵などが、第一回より高額で譲渡された。ところが、英訳を始めたツォルマンがスウェーデン大使秘書官になったこともあって、続行困難になった。そこでスローン卿は、若いドイツ語圏スイス人であるジョン・ショイヒツァー（John G. Scheuchzer）に依頼して、彼が英訳を完成させ、英語版「日本誌」（The History of Japan）が刊行されたのは1727年であった。'The History of Japan'には、彼の簡単な紹介がのっている。彼の父はチューリッヒで数学教授であったが、スイスの自然誌に興味を惹かれており、イギリス王立科学協会誌にも投稿し、王立科学協会のフェローであった。ショイヒツァーは1702年生まれで、6歳の時に父親を失った。最初チューリッヒの大学で勉強するも、後に父のイギリスとの関係でロンドンへ行き、博士号はケンブリッジ大学より得た。そして、スローン卿の図書室の司書ととして働き、王立科学協会のフェローになり、「日本誌」の翻訳を手掛けたのであった。ところが、完成して直後に27歳で亡くなったので、彼の唯一の著作がこの「日本誌」の翻訳であった。

　その後、ケンペルの相続人は何人も変わったが、ドイツ語版が出るまでにはなお時間がかかった。ケンペルの遺品の中になおもケンペルの原稿がある

ことがわかり、ドーム（C. W. Dohm）がドイツ語版を出版したのは1777年、英訳が出てから50年後であった。ドームは、初めこれこそオリジナルという主張をしたが、それはそうではなく、ケンペルがオリジナルを下に作ったコピーであり、一部不完全であることが判明している。

9・3 'The History of Japan' 日本誌

「日本誌」の内容は大変興味深く、しかも当時徳川幕府の治世下において絶対に公表されるはずがないようなことが書かれているが、ここでは通読したショイヒツァー訳の 'History of Japan' に沿って概要を追うことにする。まず、江戸城の見取り図、江戸城外郭の様子、江戸への道程の詳細な説明などである。とりわけ、謁見の際の様子は詳しく、将軍以下の配置の様子、その挙動の次第が述べられている。ケンペルが踊りを求められ、歌を歌った状景も子細に示されている。さらに、置かれている武器の種類が図入りで紹介され、各大名の紋章なども示されている。そのため、従来から、「日本誌」の元となった膨大な資料はどこから得ていたかということが問われており、その調査の協力者は誰であったかが疑問であった。

この点に関して、'The History of Japan' の序言は示唆的であり、読者に訴えるものがある。まず、ペルシャへのスウェーデンからの使節の役目が終わっても、故国ドイツへは30年戦争の後で疲弊しているから帰りたくないという気持ちが明瞭に読み取れる。VOCの待遇には必ずしも満足できなかったが、未知の国へ行ってみたかったという思いが強かったことも伝わってくる。しかし、長崎へ到達しても、彼らの言う「出島監獄」に閉じ込められ、幕府の監視の下で自由がないことには大いなる困難を感じ、それへの不満を述べている。特に、通商に関わる人間が一段下に置かれている状況には大いなる理不尽さを感じている。一方、そのような表向きの対応に対して、個人的に接した人々は知的であり、数学や物理学を教えると、余人が近くにいないとほとんどなんでも教えてくれ、特にヨーロッパの酒（リカー、この点はいくつかの邦書にはリキュールと出ているが、ドイツ語でリカーというと酒

類一般となるのでここではリカーとした）をたっぷり飲ませると口が軽くなり、ほとんどなんでもしゃべると述べている。しかし、それだけでは不十分で、24歳くらいの若い人が彼専属に仕えたが、日本語、中国語に長け、オランダ語にも他に比して抜群にすぐれていたので、彼の調査の強力な推進力となったと述べている。しかも、彼は知的好奇心があって自らを向上しようとしているので、オランダ語も文法から教え、大変な進歩を示したとある。

　ケンペルは、調査に関しては特別に費用も払い、必要なものはほとんど何でも入手してもらったと述べ、その若者は二度の江戸参府旅行にも同行したと述べられている。ただし、具体的に人物を特定できるような情報はまったく与えられていない。これに関して、その協力者は誰であったか、私の疑問でいえばケンペルに日本語のテキストを読んであげた人が誰であったかは、かねがね疑問とされてきたが、それが最近明らかになった。なお、「廻国奇観」の資料の多くが、1666年刊のいわば当時の図鑑である中村惕斎著「訓蒙図彙」によっているという北村四郎博士の考証もあるので、それらを読んだ、あるいはケンペルに読んであげた人ということになる。私も「訓蒙図彙」の復刻版を見て、ケンペルがこれを参照していることを確認することができた。記述はほとんど「訓蒙図彙」をなぞっているが、ケンペルの方の図は写実性に優れている。ただし、一部は「訓蒙図彙」の図をそのまま利用しているものもあった。そして、第2章でふれた「ケンペルと徳川綱吉」[9]によれば、パウル・ファン・デル・フェルデ（Paul Van der Velde）博士らは、VOCの資料と上記スローン文書の中あったVOCの雇用文書の控えから、今村源右衛門英生なる人物を同定した。

9・4　今村源右衛門英生

　今村源右衛門英生（以下、英生と略す）については、それまでに次のようなことがわかっていた。まず、1708年にイタリア人宣教師ジョヴァンニ・シドッチ（Giovanni Battista Sidotti）が屋久島にたどり着き、一旦長崎へ送られたが、彼はイタリア語とラテン語しか理解しなかったので、長崎奉行所

では尋問に困難をきたした。島原の乱後、鎖国となり70年経過していたので、ポルトガル語などラテン系の言語を理解する通詞は絶えてしまっていた。そこで、奉行所では当初ラテン語を理解する出島のオランダ人が尋問に当たったが、シドッチはオランダ人を嫌ったので、英生らが急きょラテン語を習って尋問にあたった。そして、調書が作成され江戸へ報告され、また、シドッチが江戸への移送を強く希望したので、英生らが伴って江戸へ送られキリシタン屋敷（東京都文京区小日向一丁目）に留置された。そこで、新井白石により尋問されたとき、英生は通訳として働いた。シドッチは、ローマ教皇クレメンス11世により宣教のために日本へ派遣されたものであると述べている。その尋問録から成立したのが白石の「西洋紀聞」[46] である。

　西洋紀聞は3巻に分かれ、最初に白石が尋問するに至った経緯が述べられている。その中で、当初は通詞が必要であったが、やり取りが進む中で、オランダ語に束縛されていない白石の方が良く意を解せる場合もあったとも述べられている。幕府の儒官の筆頭だけあって世界の状況を彼は良く理解できたのであろうが、自慢げに聞こえるところもある。2巻はローマからどのように来たか、また、ヨーロッパの各国の地誌の概要について述べられている。3巻は、宗教上の問答である。これらの内容から、江戸時代は禁書扱いであったが、一部の人々には筆写で伝わったと理解できる。そして、幕府はシドッチの措置に関して、白石の報告と彼の助言により、三つの判断、① 故国への返送、② キリシタン屋敷での留置、③ 死罪のうち、② の策を取った。シドッチは、やがてそこで病を得て亡くなった。この間の英生の労は、その後の彼の異例の昇進により報いられた。そして、「西洋紀聞」は八代将軍吉宗の時代になって蘭学が認められるようになったが、その先駆的な役割を果たしたといわれているように重要な位置を占めている。

　キリシタン屋敷は今では碑しか残っていないが、1.5ヘクタール余の大きな敷地を占めていた。碑には「都旧跡 切支丹屋敷跡」とある。宗門改め奉行は井上政重であった。春日通りから庚申坂を降りていくと川があり、それを渡る橋を獄門橋といい、その先が閉ざされた敷地であった。現在そこは盛

り土になっており、地下鉄の車庫があるので、ガード下をくぐることになり、当時の面影はない。この付近の地名の茗荷谷は、ジメジメとしてミョウガが植わっており、沢筋でマムシがいたというような古い話も、現在の地形からはなかなか想像ができない。英生が通訳に骨を折っていたころ、ちょうど精子発見のイチョウは植えられたので、もしも英生が、小石川植物園の前身小石川御薬園を訪問していれば、そのイチョウを見たかもしれないという想像は不可能ではないと思う。というのも、キリシタン屋敷とイチョウ精子発見のイチョウのある小石川御薬園とは、距離にして500 mほどしか離れていないのである。

　その後、八代将軍吉宗がオランダから馬匹を輸入した折に、ケイゼル（H. J. Keijser）の通訳として働いたが、それは1729年のことであった。西洋馬にこだわった吉宗は、特別な対価を払って西洋馬を何度も輸入し、調教法、治療法、馬上での射撃法を習わせた。そして、英生はオランダ語の獣医書から「西説伯楽必携」を著したが、それは杉田玄白による「解体新書」より50年以上前であった。

　これらについて、地震学者今村明恒は興味ある書「蘭学の祖―今村英生」[47]を著している。今村明恒とは、大森房吉（第4章で触れた）と並んで日本地震学の創始者であるが、両者は関東大震災を巡って地震予知で意見が分かれ、今村は予知できるとして、大森はできないとした。しかも、両人は年齢がほとんど同じで、大森は教授であり、今村は助教授であった。関東大震災のとき大森はオーストラリア旅行中で、途中で病を得て帰国後亡くなり、今村が教授となった。今村は関東大震災の後、創設された東京帝国大学理学部地震学科の地震学担当教授となった（今日では、地震学科は地球物理学科を経て、地球惑星物理学科となっている）。明恒は、自身が英生より薩摩に分家した家の7代末の子孫であることを知って、祖先である英生の功績を掘り起こすためにこの本を書いた。しかも無縁仏になっていた菩提寺大音寺の墓石まで探すことができた。同書では、出自の家柄は低いが、実力により通詞としては最高位の通詞目付にまで上り詰めた人と讃えている。というのは、

通詞組織には正式な通詞として大通詞、小通詞、稽古通詞がおり、その下にあって通詞の差配を受ける内通詞があったが、通詞と内通詞は身分的に厳然と区別されていた。ところが、内通詞小頭の家柄であったにもかかわらず英生は通詞になることができ、階梯を上って、最高位の通詞目付にまでなったからである。なお、通詞組織の上には出島乙名がおり、乙名は長崎奉行の下にあって、差配を受けた。そして、今村明恒がこの本を著したのは、長崎本家の今村家はすでに祖先をたどれなくなっていたからであり、祖先への尊敬の念を表すためであった。

　最近になってスローン文書の解読から明らかになったことは、英生は若年からオランダ人に接し、ケンペルが来ると彼専属として働いた。オランダ語も文法の基礎から習い、他の通詞に比べて抜群に上達していた。その英生を通じてケンペルは日本に関するきわめて多くの情報を得ていたと推定されることはすでに触れた通りである。これにより、ケンペルがどこから情報を得ていたかという従来からの疑問は解けた。即席にラテン語を習ったくらいでイタリア語を通訳できたかという謎についても氷解した [48, 49、50]。ところが、ケンペルの 'The History of Japan' には、有能な日本人の若者の助力を得たという以外には何も記述はない。むしろ、人の特定を避け、あたかも隠しているように思われる。

　なぜ、そのように通詞の名前を秘匿する必要があったかであるが、それはまず、三代将軍家光が鎖国を行って未だ日が浅い時点であったので、規則が厳しかったことが第一の理由と推定される [49、50]。なお、鎖国という言葉は徳川幕府から公式に出た言葉ではなく、ケンペルの「廻国奇観」がオランダ語訳で導入され、それを訳した志筑忠雄に由来しているということは歴史の教えてくれるところである。いずれにせよ、禁制に反していることが露見すれば直ちに死罪の時代であり、実際その数は少なくなかった。次に、通詞を統括する立場の出島乙名であった吉川儀部右衛門には持病があり、ケンペルに治療してもらっていた。治療法を英生に教えておき、ケンペルが帰国しても継続的に治療ができるように配慮されていたと推定される。実際、'The

History of Japan' の序言にも、乙名の病気にふれ、若者に内科、外科の治療法を教えたと書かれている。それゆえ、万事のことに便宜が図られたのであろうと推定されている。したがって、すべては内密にする必要があり、通詞組織挙げて内緒にしたのであろう。

こういった次第で、日本のほとんどありとあらゆることは、英生によりケンペルに伝えられたのである。一方、優れた医師であり、探検家としても一流であって、限られた情報からその土地の地図を作ってきたケンペルは、英生よりの情報を下に当時の日本を正確に理解したのである。マルコ・ポーロの述べたお伽噺的な黄金の国ジパングでもなく、また宣教師らの宗教の眼を通して行った日本の報告でもない、日本の真実に近い姿が初めてヨーロッパに紹介されたと言えるであろう。後に、哲学者イマニュエル・カント（Immanuel Kant）は、ケーニヒスベルク大学で地理学をも講じていたが、そこでは「日本誌」は重要な書として扱われていた。カントは、ほとんどその地にいて外国へは出なかったということであるが、国際都市ケーニヒスベルクには世界の情報が集まったので、居ながらにして世界の情報に通じていたという。その彼の御めがねにかなったということであろう。また、幕末に来た黒船艦隊の提督ペリー（M. C. Perry）も「日本誌」を持参してきたというのも、そのレベルの高さと、長年にわたっての信頼を物語っていよう。

したがって、ケンペルは当時の図鑑である「訓蒙図彙」などを英生に読んでもらって、植物・動物などの情報を得たと推定できる。また、英生は、彼の知識をフルに活用して説明したが、それは長崎方言であったという推定も可能であろう。とすればGinkgoという表記も、長崎方言での発音によるものという仮説が成り立つ。このアイデアを生物学史を専門とする木村陽二郎東京大学名誉教授に説明すると、基本的に賛成して下さった。というのも、木村教授の父君は旧制長崎高等商業学校の教授であったので、木村教授も若年時は長崎で育ち、小学校を経て旧制長崎中学校に通われたということで、相当程度の発音は長崎方言で理解できるという主張に同意して下さった。ただ、この件はなお長崎方言の専門家の批評の眼を経なければならないと思っ

ていることを付け加える。木村教授とは、小石川植物園後援会の理事会の後何度かお話させていただいたものであるが、私が大学で最初に教養学部で生物学の講義を受けたのも木村教授であったことは奇しき縁である。その木村教授も、2006年に亡くなられた。

　結論としては、ケンペルは決して聞き違いをしたのでもなく、書き間違いをしたのでもなく、むしろ、発音者、すなわち今村源右衛門英生の発音を忠実に再現したというのが無理のない説明であろうと考える。

　以上みてきたように、木下杢太郎に由来すると思われる、GinkgoはGinkyoの誤記であるという説は、ほとんど成立しないことは明らかであろう。また、北ドイツでは、gをiと発音するという説も成立の根拠はないと言わざるを得ないであろう。特に、これまで多くの表記が現れるにもかかわらず、gの一点に絞って調査がされていることで、全体の視点が欠けていることが問題となろう。

　廻国奇観で見てきたように、ケンペルは、g、y、i、jを注意深く区別して使っており、それらを統合した見地からみる必要があるというのが私の論点である。さらに、ドイツ語の発音を微妙に区別した特異な表現様式をとっており、ビワをBywaと表記し、瓢(ひょう)をFeOと表記する点などユニークであるというべきであろう。これからすると、花をFanaとするなどの当時の発音を考慮し、しかも採用されている言葉に長崎方言があることなどを考慮すると、長崎方言を喋った通事のことも考慮すべきであろうというのが私の結論である。そういった意味で今後一層、今村源右衛門英生の事跡を詳しく照合する必要がある。

第10章

ゲーテとイチョウ

10・1　ゲーテのイチョウへのこだわり

　ヨハン・ヴォルフガング・フォン・ゲーテ（Johann Wolfgang von Goethe）(1749-1832) は、詩人であり、文学者であり、世界文学の通念を確立した最初の人であることをあえて述べる必要はないであろう。そのゲーテは、イチョウに大きなこだわりを持っていた。ここで、ゲーテに登場していただいて、「イチョウの自然誌と文化史」を締めくくる方向へ持っていきたいと思う。ゲーテは、イチョウそのものをタイトルにした詩「イチョウ（Ginkgo Biloba）」を残している。オリジナルの詩（図10・1）は、デュッセルドルフのゲーテ博物館にある。いくつか邦訳があるが、その一つを以下に示す。

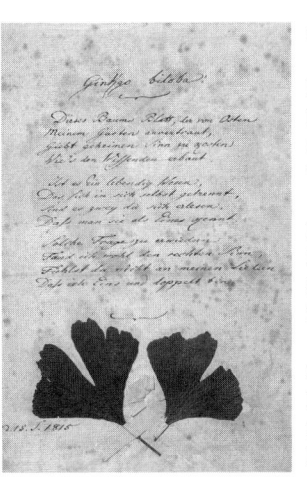

Ginkgo Biloba	いちょう葉
Dieses Baums Blatt, der von Osten Meinem Garten anvertraut, Gibt geheimen Sinn zu kosten, Wie's den Wissenden erbaut.	東の邦よりわが庭に移されし この樹の葉こそは 秘めたる意味を味わわしめて 物識るひとを喜ばす
Ist es ein lebendig Wesen, Das sich in sich selbst getrennt? Sind es zwei, di sich erlesen, Daß man sie als eines kennt?	こは一つの生きたるものの みずからのうちに分かれしか 二つのものを選び合あいて 一つのものと見ゆるにや
Solche Frage zu erwidern, Fand ich wohl den rechten Sinn; Fühlst du nicht an meinen Liedern, Daß ich eins und doppelt bin?	かかる問いに答えんに おさえる想念をわれ見いだせり おんみ感ぜずや　わが歌によりて われの一つの二つになりて （小牧健夫訳ゲーテ「西東詩集」[51]）

図10・1　ゲーテのイチョウの詩（Ginkgo Biloba）
　ドイツ デュッセルドルフ ゲーテ博物館蔵のゲーテ自筆の Ginkgo Biloba（左）。

これは、ゲーテがフランクフルトの若き銀行家夫人マリアンネ・フォン・ヴィレマー（Marianne von Willemer）に捧げたものである。マリアンネは、フランクフルトの劇場で活躍していた舞台女優であり、歌い手である。ゲーテはこの若い舞台女優との精神の交感を詩に託した。その詩の背景となる最も象徴的な集いは1815年8月15日にもたれ、その日フランクフルトを訪れていたゲーテは、銀行家ヨハン・ヤコブ・フォン・ヴィレマー（Johann Jakob von Willemer）のゲルバーミューレ（Gerbermühle）の別荘で夕刻を過ごした。そこには、ゲーテ、ヴィレマー、ヴィレマー夫人マリアンネ、ケルンの芸術家ヨハン・ボアセリー（Johann Sulpiz Boisserée）がいた。これらの経緯は、ゲーテの日記による他、ボアセリーの残した日記にわれわれは多くを負っている。

その前年にゲーテは、14世紀ペルシャの詩人モハメッド・ハフィス（Mohammed Schemsed-din Hafis）(1320-1389)の詩ディヴァン（Divan）のドイツ語全訳（二巻本）がヨセフ・ハマー-プルグシュタール（Joseph Hammer-Purgstall）によりなされ、その本をコッタ（Cotta）社から贈られて、人間の自然の姿、文明に汚されていない東洋世界への憧れとヨーロッパとアジアの交流に共感を得て、気分の高まりを感じていた [52]。

コラム　マリアンネ・フォン・ヴィレマー（Marianne von Willemer）

マリアンネ夫人とは何者であろうか？　マリアンネはウィーン生まれで、9歳からウィーンで舞台女優、歌手、ダンサーとして国立劇場ほかで活動していた。そして、15歳の時母親に伴われてフランクフルトへきて、国立劇場で女優、歌手、ダンサーとして出演した。当時、フランクフルトの銀行家であり、市の有力者であり、後には爵位も得ているヴィレマーは劇場の総監督となったばかりであった。彼は若きマリアンネの身元引受人となり、最初の夫人との間にもうけられていた3人の娘と、二番目の夫人との間にもうけられていた一人の息子らとともに養育することとなった。マリアンネの母親には、ヴィ

> レマーがマリアンネを引き取った時点で終身年金が与えられたので、彼女はオーストリアのリンツへ喜んで帰って行った。この間に、クレメンス・ブレンターノ（Clemens Brentano）はヴィレマー邸を頻繁に訪れマリアンネにギターのレッスンを行っていたが、マリアンネがフランクフルトのオペラ劇場に最初に登場した時点から惹かれていたのであった。マリアンネとブレンターノが急速に接近し、結婚話が持ち上がった時点で、ヴィレマーは、ブレンターノを遠ざけた。そして、24歳の年の差にもかかわらず三度目の結婚をしたのが1814年であった。その時には30歳になっていたマリアンネは、美しいというタイプではないが、大変魅力的な女性であったということである。ただし、マリアンネの出生は望まれてのものではなかったらしく、ウィーンでは出生証明が得られず、父親の死亡証明書もないので、フランクフルト市民となることができず、一生他国人として過ごさざるを得なかった。
>
> 　ゲーテは、1814年に旧知のヴィレマーとヴィースバーデンで会ったが、そこでマリアンネと初めて会った。折しも、ハフィスの詩に感興を得ていたゲーテは、マリアンネと精神的交流を行い、老詩人の精神的な若返りをそこに託した。それは、一つには、イェナにおける大臣職の重責に倦んでの逃避でもあった。ゲーテは極めて多忙であったが、詩作には大変精力的であった。ゲーテが二度目にマリアンネにあったときは、ヴィレマー夫人となっていた。ゲーテは、ヴィレマー夫妻と頻繁に手紙の交換を行っており、それが詩の一部となっていたことは没後に発表されていて、ゲーテ研究家に様々に説かれている。

　ゲーテは、1815年8月15日の集いにイチョウの葉を持って登場した。イチョウには、ペルシャの他、遠い極東の日本への思いも込められており、それが'東の邦よりの葉'であった。ちょうどその頃、ナポレオン（Napoleon）I世は一旦は帝政を敷いたが、勢威は衰えて、エルバ島に追放された。エルバ島の領主という名ばかりの地位での幽囚生活を脱してパリに軍勢を進めて百日天下の時期であった。そして、ウォータールー（Waterloo）で敗れたの

は、その年の6月18日であった。ゲーテの日記によると、このゲルバーミューレをめぐっての6週間は彼にとって生涯のなかで最も素晴らしかった時であり、美しい日々であったと述懐している。ゲルバーミューレでは、マリアンネもゲーテに馴染み、詩を朗読し、散歩の日々であった。この間にスレイカ（説明は下記）への思いは一層高まっていった。ただし、このころマリアンネは、ゲーテがいつもお嬢ちゃんというような表現をすることには、夫を通じて抗議しているが、それはやんわりと拒絶された。8月15日を遡る数日、ゲーテは、ヴィレマーのフランクフルトの'赤い小人'邸と名付けられている邸宅に滞在した。そこにはマリアンネとボアセリーがおり、夕方にかけてゲルバーミューレの別荘へ向かった。ゲーテの持参した葉はフランクフルトのブレンターノ公園で得たものと推定されており、そこにはフレーズが記されていた。すなわち、前述のイチョウの詩の「一つにして二つ、二つにして一つ」であった。

　その三日前には、ハーテムの詩を読んでいるが、それは66歳のゲーテが自らをハーテムに擬えている。そして、16日にはスレイカが読まれ、マリアンネはそれに応えてその翌日応答した。ハーテムとスレイカに関して、文学を専門としていないものとしては、詩作の内部には立ち入らないが、「西東詩集」のスレイカの構成にだけは触れてみよう。構成は、スレイカとハーテムの詩の応酬であるが、その背景には、ゲーテのマリアンネとの実際の応酬があり、それがゲーテにより詩作として磨かれたものである。そして、その頂点にあるのが、イチョウの詩であり、「西東詩集」のスレイカに含められて発表された。

　ゲーテは、18日にはフランクフルトを急ぎ立って、ハイデルベルクで東洋学者パウルス（H. E. G. Paulus）と面談をしたが、そこでアラビア語の手ほどきを受けているように、知的関心は衰えることはなかった。そして、一旦イェナへ帰った。9月26日には再度南西ドイツ訪問の途次、ハイデルベルクの廃城でヴィレマーと樹齢30年余のイチョウを見たが、そこにはマリアンネもいた。その時、イチョウの詩は完成しマリアンネに送ったが、ヴィ

レマーの娘でマリアンネと親しいロジーネ・ステーデル（Rosine Städel）を通じてであった。しかし、それ以後マリアンネは、文通はあるもののニ度とゲーテと会うことはなかった。なお、この彼らが見たハイデルベルクのイチョウは、1930年代に枯死したということである。

　複雑で、単純には理解しがたい出来事の連続であるが、高名な詩人の思いがこの詩に込められていることには疑いがない。一旦イェナに帰って後の南西ドイツの紀行は、「ネッカル河紀行」などで知ることができる。この間のゲーテとマリアンネの微妙な詩的交流、そして屈折した関係と詩作の関わりは、ジークフリート・ウンゼルト（Siegfried Unseld）の'Goethe und der Ginkgo'（ゲーテとイチョウ）[52] に詳しく述べられており、秘められたいくつかの謎は、ゲーテの死後に発表された。グリム童話で著名であり、世界的言語学者であったグリム兄弟の弟ウィルヘルム・グリム（Wilhelm Grimm）の息子にあたるヘルマン・グリム（Herman Grimm）は、ゲーテの死後マリアンネに会い、当時の交流が現実とも空想とも分かち難いものであったことをことを彼女から聞いている。まさに「詩と真実」の世界に踏み込んだ出来事であった。

　「西東詩集」の中のスレイカに収められたこの詩は、ペルシャへの思いに合わせて、日本への思いを重ねたものであり、イチョウの葉に精神の交感を象徴させたものである。「西東詩集」の原題「West-östlicher Divan」からは、元の雰囲気が直ちに伝わるが、日本語の「西東詩集」という表現になると、ペルシャを思ったという雰囲気は薄れてしまう。

10・2　ゲーテと植物

　ゲーテは、植物としてのイチョウに特別の思いを込めていたが、ゲーテの仕えたカール・アウグスト大公（Grossherzog Carl August von Weimar）もこだわっていた。ゲーテは、自らの庭の植物配置をジョシュー（A. L. de Jussieu）の系統分類体系に従って行った。ジョシューは、カール・リンネ（Carl von Linné）と同時代人であるが、より自然分類に近いとされている。ゲー

テは、リンネは有用であるが、その人為性は頂けないというようなアンビバレンツな気持ちを表している。また、カール・アウグストも、ワイマールのベルベデーレ宮殿の庭園をジョシューの分類系統体系にならって配置した。そこでは、園丁をイギリス王立キュー植物園に派遣して、イチョウを導入した。したがって、ゲーテのイチョウの詩も、イチョウに対する並々ならぬ理解を下に作られている。そして、対価を払えばイチョウを購入できるように手配した。その対価とは1帝国ターラーで、大変高価であった。つまり、イチョウとは高価の代名詞でもある。今日、スペイン語（Arbol de los 40 escudos）や、フランス語（Arbre aux quarante écus）の「40エキュの木」という呼び方に、その名残がある。なお、この40エキュの木という表現は、次のようなエピソードを背景としている。1780年、フランスから庭園の視察のためイギリスへわたったプティニー（M. Petigny）は、イギリスの園芸家のところで見せられたイチョウがすっかり気に入ってしまった。二人は意気投合して食事をし、ワインを飲んでいるうちに、園芸家はイチョウ5本を25フランで売ってしまった。翌日、実は一本25フランであると言ったものの、それは受け入れられなかった。それで、プティニーは、フランスへ帰ってイチョウを全部併せた値段である120フランすなわち40クローネとし、「40エキュの木」と呼んだということである。当時の人々の好奇の思いは今に伝わる。ただ、1815年にはワイマール公国の庭園にイチョウが植えられていたようであるが、これにゲーテが何か述べているかどうかという事実は確認されていない。

　ゲーテの植物に対する思い入れは一様ではなかった。晩年の「自分は、詩人としては世間に知られるようになったが、植物の研究についていかに多くの努力を払い、時間を費やしたかについては知られていないことは残念である」という述懐は、ゲーテにとって植物とはなんであったかを示している。彼は幼児から植物に親しみ、大学時代にはライプチッヒでもシュトラスブールでも植物学を学び、多くの植物学者と交わった。ワイマール公国での宰相の務めに倦んで、イタリア旅行へ赴いた（1786-1788）[53]。そして、イタリア旅行の後に「植物変形論（Metamorphose der Pflanzen）」[54]を著した

10・2 ゲーテと植物

が、これは南国で植物の多様性に驚き、感動して、植物へのさらなる深い洞察へ至っての産物である。これについては、彼の「原植物（Die Urpflanze, archetypal plant）論」を通して考えてみる必要があろう。日本では、文学者以外のゲーテ像はほとんど知られていないので、これらの論議は意外に思われるかもしれないが、彼は実に真剣であり、しかも現代につながる重要な視点である。

現代の生物学の感覚からは原植物など考えにくいが、ゲーテはかなり初期から植物の原型のようなものを追求していた。イタリア滞在中にその思いは強くなり、シャルロッテ・フォン・シュタイン（Charlotte von Stein）夫人への南イタリアからの手紙はそのことに触れている。しかし、それはなかなか形にならなかった。それが結実するのは、フリードリヒ・シラー（Friedrich Schiller）との出会いによって、現実を重視するゲーテと理想主義追求の旗

図10・2 原植物
トロル（W. Troll）[67] により表された植物体模式図で、一年生草本植物の茎葉、子葉、根系を表している。Ⅰ 植物体、Ⅱ 胚発生の心臓胚時期、Ⅲ 胚発生の魚雷胚時期、Ⅳ 幼苗、Ⅴ Ⅵ 茎の横断面、Ⅶ 根の横断面（Ⅴ-Ⅶにおいて木部は黒色にし、師部は濃い灰色で表している）、Co：子葉、Hy：胚軸、Pw：主根、W：茎に生じる側根。

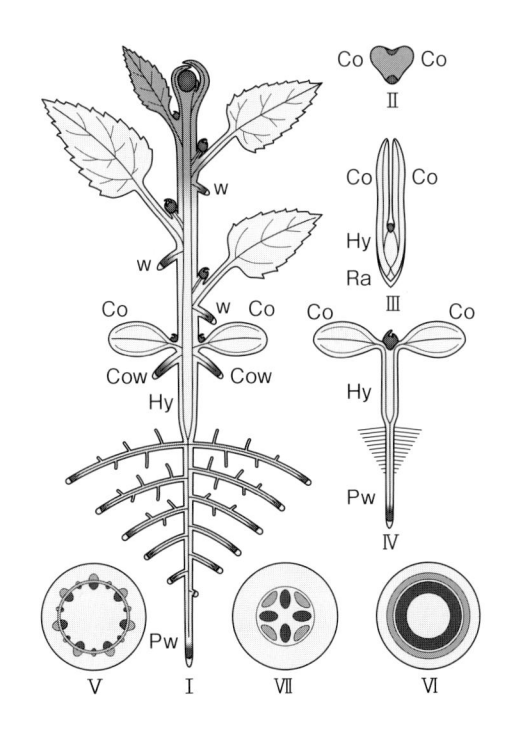

手シラーとのやり取りによってである。それが、一筆書きのように描かれ、植物の模式図として教科書にも登場する図10・2で、これがゲーテに由来することはあまり知られていない。

　そして、学問領域「形態学」はゲーテにより創始された。形態学という言葉もゲーテが使い始めたもので、この概念もシラーとの交流から生まれたものである。ヒトの間顎骨の発見など具体的貢献もある。そして、植物変形論の結論が、「花は葉の変形したものである」という提示であり、彼は、様々な現象観察から、この結論に至った。その根拠は、花器官の対比、植物間の比較、変異植物の形態などであり、現在でいう比較形態学である。その中には、バラの心皮が再度花器官へと分化して花を形成する変異も含まれている。これは、彼の植物変形論の重要な論拠であり、彼はその絵を残している。また、イタリア旅行中に見たナデシコの花茎の変異についても同様な見解を示している。日本では、形態学というと解剖学（Anatomy）という色合いが強いが、形態学には本来全体を比較するという比較形態学の伝統があり、それはマインツ大学教授であったヴィルヘルム・トロル（Wilhelm Troll）を経て、故 熊沢正夫教授（名古屋大学）などの「植物器官学」[55]に伝わっているが、今日その注目度はあまり高いとは言えない。

　ゲーテの植物に関する研究の集大成が「植物変形論」であり、その成立の概要は上記のとおりであるが、ここに至るまでの彼の思索の道筋は未発表のものも研究され、没後に発見された文献も含めて調査されている。その概要は、「子葉に関する研究」、「サボテンが双子葉植物であることの比較形態学的考察」、「クロタネソウ（*Nigella damascena*）やセイヨウオダマキ（*Aquilegia vulgaris*）の花器官の多様性」であり、いずれもキンポウゲ科のこれら二種の植物花器官の構造の研究は、植物変形論の重要な論拠となっている。さらに、「光の植物に及ぼす効果、特に暗黒下で育った植物の黄白化（もやし形成）」についても著作を残しているが、これは植物生理学領域の研究である。また、個別の植物グループについても多くの関心を示しており、その第一はリンドウ（*Gentiana spp.*）である。少年時代にも植物に親しみ、大学時代も

植物学を学んだが、植物の研究に本格的に取り掛かって最初にこだわりを示したのはチューリンゲンの森で見たリンドウ数種とその関連種で、ジュウモンジリンドウ（*G. cruciata*）、フウセンバナリンドウ（*G. pneumonanthe*）、キイロリンドウ（*G. lutea*）であり、その形態とともに根にある医薬品効果に注目している（これらの植物名はドイツ語をそのまま日本語に直訳したものである）。リキュールのエンツィアン（Enzian）は、ドイツ語圏でなじみの深いものであり、エンツィアンとは、ドイツ語でリンドウである。用途は、日本でのトウヤクリンドウ（*Gentiana algida*）、センブリ（*Swertia japonica*）などと同じで、健胃剤であるが、ひどく苦いことは共通である。ニガリンドウも挙げているが、今日ではこれはリンドウ属ではなく、関連のチシマリンドウ属（*Gentianella*）となっている。なお、リンドウ属植物は世界的には約500種知られているが、ヨーロッパにはその内50種があり、それらへの特別な興味があったと理解される。ゲーテ研究者は、このリンドウへのこだわりを、「ウィルヘルム・マイスターの遍歴時代」において、フェリックスが何にもましてリンドウに目を見張ることと関連付けている。

　さらに、北米原産のつる植物ノウゼンカズラ（*Campsis radicans*）にも興味を示しているが、それはイタリア旅行中にパドア（Padua）植物園の塀に赤い花を垂らしているのを見たのが発端である。また、この植物が壁面に吸盤様の器官を作って這い上がっていく点にも注目している。南アフリカ起源のオリヅルラン（*Chlorophytum comosum*）にも、その多様な形態に興味を示している。匍匐枝を出すことから「彷徨えるオランダ人」とも呼ばれるこの植物の、花茎から次の花茎が出る様子を絵に描いているが、これも植物変形論の論拠になっている。この図は1962年に、トロルにより再録されており、比較形態学の素材として現在でも研究対象となっているといえよう。また、ベンケイソウ科の多肉植物カランコエ（*Kalanchoe pinnata*）は、葉から栄養芽が出て繁殖するので、「葉から芽（ハカラメ）」とも呼ばれるが、それを5世代にわたって増殖させており、上記マリアンネ他にも贈っているが、これも栄養繁殖の例として今日でも研究対象となっている。パドア植物園で見た

丈の短いヤシ（*Chamaerops humilis*）にもこだわりを示している。これはガラス室で今日でも育て続けられていて、当地で見ることができる。このように、ゲーテの植物への興味は、広くまた専門的でもあった。

10・3　ABC モデル

　ゲーテの「植物変形論」は、200 年余の時を経て、1989 年にカリフォルニア工科大学にいたエリオット・メロヴィッツ（Elliot Meyerowitz）教授（現在はケンブリッジ大学）らが、「花器官は三つの転写因子の相互作用により作られる」という、シロイヌナズナ、キンギョソウ（*Antirrhinum majus*）の花の変異の研究からもたらされた、いわゆる ABC モデルとしてよみがえった。ABC モデルによれば、花器官は、転写因子の内、特にホメオボックス遺伝子の組み合わせで決まる（図 10・3）。その転写因子アペタレア（*Apetala*）2 は A に相当し、アペタレア（*Apetala*）1/ ピスチラータ（*Pistillata*）は B であり、アガマス（*Agamous*）は C に相当する。そして、「萼は転写因子 A により形成され、花弁は AB の組み合わせで形成される。また、雄蕊は BC の組み合わせで形成され、心皮は C でできる。」というものである。花器官を構成する萼、花弁、雄蕊、心皮は、同心円状に配置している（学術語では

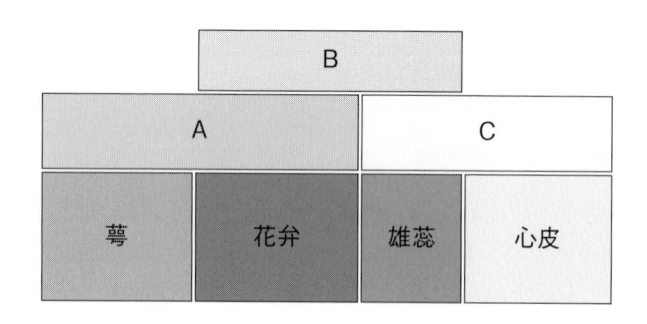

図 10・3　ABC モデル
　花器官の内、A 機能により萼が形成され、AB 機能により、花弁が形成される。また、BC 機能により雄蕊が形成され、C 機能により心皮が形成される。詳細は本文参照。

10・3 ABC モデル

Whorl と表現されている）が、分化して形態をとる際、遺伝子発現の時間的順序があることがこの背景にあり、多くの基礎的知見の積み重ねでこのような提案に至ったものである。これらの遺伝子の内、シロイヌナズナのアペタラ2を除いて、関係するA、B、C遺伝子は、ヒト、酵母、植物に独立に見つかった遺伝子群 MADS ボックスと呼ばれる転写因子グループと構造的に同一であった。そして、ABC の全ての機能を失った変異は、花器官が全て葉になることが示されている。まさに、花は葉の変異であることが分子レベルで示されたのである。なお、この論文が発表されたとき、Nature 誌の論文についてのコメントが、マックス・プランク育種学研究所のハインツ・ゼドラー（Heinz Saedler）教授によって与えられているが、それは「結局ゲーテは正しかった」というものであった。

　その意味では、ゲーテの活動は、実に現代的でもあるということができる。なお、私の嗜好を知っている、旧知のドイツ チュービンゲン大学・マックス・プランク発生生物学研究所教授であるゲルト・ユルゲンス（Gerd Jürgens）博士は、お目にかかった折、上記「植物変形論（Metamorphose der Pflanzen）」を贈って下さった。もちろん 1984 年当時の東ドイツ（ドイツ民主共和国）での復刻本であるが、うれしいことであった。特に、上で挙げた、バラの心皮が再度花になることの彩色図、ナデシコの花の構造のゲーテによる鉛筆画、さらにクロタネソウの花器官の解体図、また種子 [ナツメヤシ（*Phoenix dactylifera*）、トウモロコシ（*Zea mays*）、ソラマメ（*Vicia faba*）] などの発芽の水彩画のスケッチが補遺として加えられており、諸説の整理に役立った。それは、存命であれば 100 歳のメルヒャース博士の記念の会の翌日で、2006 年 1 月 7 日であった。メルヒャース博士のご子息の私への贈り物は、メルヒャース博士の持っていたゲーテの自然科学に関する著作で、刊行年は 1945 年であった。また、縁があってこれら三人のご子息とはお付き合いをしており、2011 年秋はベルリンに住む末弟コンラート（Konrad & Nina Melchers）夫妻のお世話になった。

　ただし、この「原植物」説とイチョウがどのようにゲーテにおいて結びつ

いていたかは、明らかではない。というのは、当時イチョウは珍奇な植物として注目されたが、これまで述べてきたような事柄（精子形成など）は明らかになっていなかったからである。もしも、生きている化石としての具体的事実をゲーテが知ったら、どのような述懐をするかは大変興味のあるところである。

10·4 花とは？

　ABCモデルを説明するために、いきなり花の構造から入ったが、花はどのようにして着いて、美しく咲くのか、また、その生物学的意義とは何かをまとめる。花とは花器官であり、一日の明暗周期である光周性により花芽が形成され、それまで栄養成長していた植物が生殖成長へ転換するのは、植物において重要なイベントである。日長は地球上の緯度により変わるので、光周性とは植物の緯度環境への適応であると言える。光周性を感知する器官は葉であり、その信号が茎頂へと伝わり花成に至ることが明らかになっている。この花芽形成信号をフロリゲン（花成ホルモン）といい、フロリゲン仮説は1937年に提出された。もしフロリゲンが存在するならば、長日植物でも短日植物でも同じ物質であり、接木により伝達されることも古典的な生理学実験によって示されていた。

　ところが、フロリゲンの存在は長いこと証明されず、2007年になって初めて同定された。フロリゲンが茎頂に到達すると、そこで花器官が形成され、花成に至り、種子が形成され、次の世代へと伝わっていく。そして、その種子に蓄えられた貯蔵物質をわれわれは食料として利用するのである。

　こうして形成された花は、色とりどりの魅力的な色を呈し、人はそれを楽しむ。ところが、花の中でも例えばイネ科などの風媒花は決して魅力的な色を示さない。このため、魅力的な花色とは受精を媒介する昆虫に対してのアピールであり、花は花粉を媒介する昆虫やその他の動物と共に共進化したと考えられている。受粉を媒介する動物は、蝶類のほか、時にコウモリであったり、ハチドリであったりする。そして、その結果できた美しい花を人類は

愛で、また、より一層美しいものへと育てようとしている。そして、その結果形成される種子は、植物の次の世代への繁殖の元となるのであるが、それは同時に多くのデンプンやタンパク質を蓄えているので、人類の栄養源ともなるのである。

　かくして、イチョウにこだわったゲーテは、植物形態学に大きな足跡を残し、花の形態の基本にかかわる現代的な課題にもつながっていると言っていいだろう。

コラム　フロリゲン

　花の形成の中で、フロリゲン仮説の提出とその証明はドラマチックな経過をたどり、その状況は私も目撃したので、その概要に触れる。フロリゲン仮説の提出は1937年であった。ところが、その後長年にわたる多くの研究者の膨大な量の研究にもかかわらず、フロリゲンの物質的証明は難航し、1980年代には存在を否定するような意見も出された。ところが、長日植物シロイヌナズナのゲノムが決定され、また分子遺伝学的研究が進むとともに、コンスタンス（*CO*）遺伝子がこれに関わることがわかってきた。ただし、COタンパク質はフロリゲンではない。なぜなら、移動しないからである。しかし、COの制御の下で、葉で*FT*遺伝子の産物が作られ、師管を通じて茎頂へ運ばれて、*FD*の遺伝子産物とかかわって花器官が作られるということが示された。すなわち、FTタンパク質こそフロリゲンであるということになる。古典的定義によると、フロリゲンがあるとすれば、それは長日植物でも短日植物でも同じであると述べたが、短日植物イネでも同様な物質が作られることが示され、統一的に説明できるようになった。

　このような経緯は、長年研究でお付き合いしてきたゲオルク・メルヒャース（Georg Melchers）教授との関わりから知り得たものである。フロリゲンという名前を付けたのはロシアのチャイリャヒャン（M. Chailakhyan）であるが、同時期メルヒャース、クイパー（J. Kuiper）も同様な提案をしていた。そ

のメルヒャース博士は、1998年に亡くなられたが、亡くなる半年程前に、自ら書いた論文をすべて送ってきた。「自分が亡くなれば多分君が追悼文を依頼されることになるだろう」との添え文が同封されていた。70年以上前となると中々一次情報をたどりにくいが、それらのドイツ語で書かれた論文で初期の出来事を如実に知ることができたのである。

　2006年1月、メルヒャース博士の生誕100年の記念の会がドイツチュービンゲンで開かれ、出席を要請された。そこで記念講演をしたのは、フロリゲンが FT 遺伝子であるということを示したヴァイゲル（D. Weigel）博士であった。ヴァイゲル博士はメルヒャース博士のことを讃えるとともに、チュービンゲンのもう一人の著名な学者ビュニング（E. Bünnig）博士にも言及した。ビュニング博士の生物リズムの先駆的業績は花成に重要な関わりがある。奇しくもビュニング博士も生誕100年であった。。

　なお、その時点では師管を通して伝達されるのは FT 遺伝子のRNAかタンパク質かは定まっていなかったが、2007年5月のベルギー・ゲントであったEMBOの会で、ケルンのクープランド（G. Coupland）博士がタンパク質であることを長日植物シロイヌナズナで報告したため、原著論文を読む前にその内容を知ることができた。なお、Scienceに出た論文では、短日植物イネでも同様な結論であることを示した島本　功教授らの論文と並んで掲載されていた。

第11章

小石川植物園植物散策と歴史的背景

　本書には、主題のイチョウをはじめ、それとほぼ等しく重要な位置を占めるソテツの他、地質時代には世界に広く分布していたが、その後成育地が狭まり、日本や中国に遺存した多くの植物が登場する。それらが、具体的にどのような植物であるかを知っていただくためには、例えば小石川植物園内を回り、それらを見ていただくのが一番であると考えた。そこで、植物園内をぐるっと回り、本書に登場する種々の樹木がどのあたりにあるかを紹介し、併せて歴史的背景も紹介することは意義あろうということで本章を設けた。なお、これらの植物は本文中ではアンダーラインで示した。また、その場所

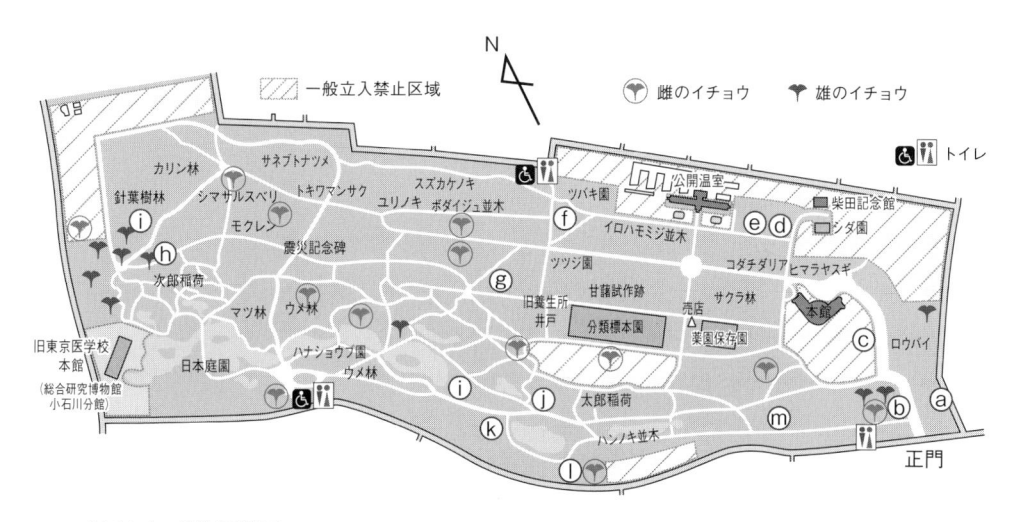

図11・1　植物園略図
　ⓐ：メタセコイア、ⓑ：ソテツ、ⓒ：コウヤマキ、ⓓ：メンデルブドウ、ⓔ：ニュートンのリンゴ、ⓕ：精子発見のイチョウ、ⓖ：ハンカチノキ、ⓗ：コウヨウザン、ⓘ：セコイアメスギ、ⓙ：カツラ、ⓚ：ラクウショウ、ⓛ：変異イチョウ、ⓜ：メタセコイアの林

は図 11・1 に ⓐ～ⓜ で示した。

11・1　植物散策

　まず、入り口の門には、2012年9月にこの場所が国史跡名勝になったことを示す看板が 2013 年 4 月に掛けられ、「小石川植物園草木図説」[56] の題字を下として作製された。園内に入ると、すぐ前にあるのが第 3 章でふれた<u>メタセコイア（アケボノスギ）</u>ⓐである。この木は、カリフォルニア大学バークレー校のチェイニー（R. W. Chaney）博士が、四川省磨刀渓で見つかったメタセコイアの種を世界に配布されたとき、日本へ来た第一号である。なお、メタセコイアの林は左方 100 m にあるが、それはこの植物園ツアーの最後に見ていただく。

　そのまま進むと、左手に<u>ソテツ</u>ⓑがある。これは、1896 年に池野成一郎が鹿児島へ赴いて精子を発見したが、その研究対象の材料としたソテツの子孫であり、鹿児島より植物の株を移植したものである（第 3 章参照）。さらに、坂をすすんで左手の一角にあるのは数種のナンヨウスギ（*Araucaria spp.*）である。葉がいかにも荒々しいのが特徴で、これは北海道などで化石として出土するが、日本では現生種は途絶えた。これらの植物は南アメリカなどには数種類分布しており、別な意味の生きている化石である。さらに進んだところに、カイヅカイブキ（*Juniperus sp.*）と並んでいるのが<u>コウヤマキ（*Sciadopitys verticillata*）</u>ⓒである。第 3 章に述べたように、50000 年前にはヨーロッパにも北アメリカにも広く成育していたが、日本に残ったもので、日本の固有植物であり、その分布が特徴的であることにも触れた。なお、秋篠宮悠仁親王のお印の木でもある。坂の右側には、マンサク（*Hamamelis japonica*）、ロウバイ（*Chimonanthus praecox*）があり、いずれも春最初に花を咲かせる。また、その上にはサツキの株があり、盛りの時期にはその品種「花車」他が美しい。坂を上り詰めると、正面に大きくそびえるのがヒマラヤスギ（*Cedrus deodara*）であるが、上部には第二次大戦の空襲の名残が、68 年余経た今も認められる。なお、植物園でも、いくつかの建物で被害が

11・1 植物散策

あり、当時の温室のガラスは爆風で壊れ、温室内のヤシの木にもその痕跡が残っている。左側は植物園本館で、1939年に建てられた。内田祥三教授設計になるアールデコ調の軽快な雰囲気の建物である。中には、研究室、標本室、図書室、事務室などがある。内田教授ご自身が直接図面を引いたということで、折々建築学科の学生が見学に訪れる。収蔵されている植物標本はおよそ700万点あるが、ここには双子葉植物合弁花類、裸子植物、シダ植物が収められている。残りは、本郷キャンパスの東京大学総合研究博物館に収められており、それらは双子葉植物離弁花類、単子葉植物の標本である。最初に種の同定がされた個体はタイプ標本として、いわば戸籍の原簿のような特別な位置を占め、赤いラベルを付されている。ここには10000点近いタイプ標本があり、国内では圧倒的に多い。また、朝鮮半島、台湾のものも少なくない。ただし、日本の主要な植物の同定は江戸時代に、チュンベリー（C.P. Thunberg）、シーボルト（P. R. von Siebold）、横須賀造船所の医師として働いたフランス人学者サバチエ（P. A. L. Savatier）らによりなされたので、それらのタイプ標本は、ライデンのオランダ国立標本館、パリ自然史博物館などにある。

そのまま中央通りを北に進むと、左手はソメイヨシノなどの桜の並木である。ソメイヨシノの学名 *Prunus* × *yedoensis* Matsumura は、この木で初代植物園長松村任三より与えられたもので、これらは春先に華麗に咲くが、これは染井の園芸家に作られた品種であり稔性はないので、接木で増やされる。エドヒガンとオオシマザクラの雑種であるとされている。ただ、ここには他の種類のサクラもあり、梅より早く咲く寒桜や、またサトザクラ系の遅いものも楽しめる。2006年4月10日の行幸啓に際しては、ソメイヨシノは散っていたが、サトザクラ系の「太白」がちょうど盛りだったので、見ていただくことができた。また、右にはノダフジ（*Wisteria floribunda*）やヤマフジ（*W. brachybotrys*）が低木仕立てで植えられている。秋になると、メキシコ原産の4mを超える木立ダリア（*Dahlia imperialis*）を見ることができる。

右奥に進んでいただくと、その奥のこじんまりとした建物の柴田記念館

(図 11・2) には小石川植物園後援会事務所が入っており、植物園関係で出版されている資料を入手できる。この建物は、植物生理化学者 柴田桂太 教授が植物色素フラボノイドの研究で帝国学士院恩賜賞を受けた際、それを記念して建てられた建物であり、関東大震災にも耐えた建物である。また、隣には博士の記念碑とその周辺にはオカメザサ（*Shibataea*）がある。その正面はシダ園で、日除けを設けやや窪地になっている。日本各地の各種のシダ植物（オシダ属オシダ *Dryopteris crassirhizoma*、ヤブソテツ属ヤブソテツ *Cyrtomium Fortunei*、ミズニラ属ミズニラ *Isoetes japonica*）が植えられており、日本ではシダ植物が 630 種というように繁栄しているその植生の一部を示している。

図 11・2 柴田記念館
写真左上に見えるのは、化学実験室のドラフトの排気煙突で、改修に際してやや短くなったが、珍しいものである。

コラム　メンデルブドウ

　柴田記念館をでて右方に向かうとまず、メンデルブドウがある。メンデルブドウは、遺伝学の祖メンデル（Gregor Mendel）の研究したブドウ（*Vitis vinifera*）であるが、1913年に三好 学教授がチェコ共和国（当時はオーストリー・ハンガリー二重帝国の末期）ブルノを訪問した際希望したことにより送られてきたもので、訪問の翌年にシベリア鉄道経由で届いた。ところが、現地のブドウは、第二次大戦後ソ連の傘下に入ったチェコスロバキアでは、スターリン（J. Stalin）の威を借りたルイセンコ（T. Lysenko）らにより正統遺伝学が否定され、その影響で修道院は閉鎖され、ブドウは途絶えた。その後、1989年にベルリンの壁が壊れ、東欧圏が民主化した後に、チェコ共和国ブルノでは日本にブドウが残っていることを知り、子孫のブルノへの里帰りを希望した。それで、一旦送ったが、最初は根付かず再度送った。私は1999年にEMBO（ヨーロッパ分子生物学研究機構）のアソシエート・メンバーに選ばれたとき、その年のメンバーの会はプラハであったのでプラハへ赴いた。新しいメンバーは、メンバーの前で講演するのが恒例で、プラハへ行くなら、ブルノまで足を延ばしてブドウの苗を見てほしいという植物園の要請でブル

図11・3　メンデルブドウ

ノを訪れた。二度目に送り返した苗は、メンデル農林大学の植物園で無事成長していることが確認された。そして、ブドウは今ブルノにも成育しており、十分成長すればメンデル博物館にも植えられるということである。

コラム　ニュートンのリンゴ

　メンデルブドウと並んで植えられているのは、ニュートンのリンゴである。ニュートン（Sir Isaac Newton）は、1665年ケンブリッジでペストが流行ったので、故郷リンカーンシャー・ウールズソープ（Woolsthorpe）に二年間避難せざるを得なかった。そこでそれまでの研究展開の思索をより深めることができ、万有引力など重要な三大法則を発見するわけであり、驚異の年といわれている。このリンゴはその生家の庭にあったので、その大発見の目撃者のリンゴということになる。品種名は、ケントの花（Flower of Kent）であり、品種改良の手が入っていないという点で貴重である。なお、栽培リンゴ（*Malus domestica*）の祖先は、最近のDNA配列により系統関係を調べる分子系統学的解析によって明らかにされた。それによると、成立の場所は中央アジアカ

図11・4　ニュートンのリンゴ

ザフスタンで、天山山脈の北側に相当する場所であった。発見が遅れたのは、その近傍は旧ソ連時代の核爆発実験場であったので、人々の立ち入りが禁止されていたからであった。そこで、明らかにされたリンゴ誕生のシナリオは、インド亜大陸がユーラシア大陸に衝突しヒマラヤが隆起し、その影響で天山山脈も高度を増して（およそ4000万年前以降）、本来ユーラシア大陸に分布していたリンゴ属植物が中国とは分断され、そこに成育した動物がリンゴ類を食べたことにより大型化したものであろうというものである。同時にナシ（*Pyrus*）などの果樹もそこで成立したと推定されている。そして、新石器時代の6000年前にはリンゴは成立し、ローマ時代にヨーロッパに広がったとオックスフォード大学の研究者の調査は示している。この木は、1964年イギリス物理学研究所のサザーランド卿（Sir G. Sutherland）より、当時の日本学士院院長 柴田雄次 博士に送られてきたもので、当初ウイルスに感染していたので、治療措置がなされ、後にここに植えられた。この子孫は求めにより日本各地に広がっている。

温室は、現在老朽化して一部しか公開していないが、2014年中には再建にかかれる予定である。そこでは小笠原諸島の絶滅危惧植物［ムニンノボタン（*Melastoma tetramerum*）、ムニンツツジ（*Rhododendron boninense*）］を見ることができる。なお、和名にあるムニンとは、元々無人島であったことに由来する。また、何年かに一度、世界最大の花序をもつというショクダイオオコンニャク（またはスマトラオオコンニャク）（*Amorphophallus titanum*）が花をつけると話題になるが、これとその関連植物はここで維持されている。芋のサイズが10 kgを超えると花をつけるのではと期待されているが、そのインタバルは7年にもわたることが多い。また、世界各地に分布するソテツとその関連植物の大部分を維持しており、これらについては第3章で触れた。さらに北へ進むと、両側はイロハモミジ（*Acer palmatum* Thunb.）が並ぶもみじ並木で、秋には紅葉が見事である。進行方向向かって右手には石畳があるが、これは御薬園時代には薬草の乾燥場所であった。

なお、当時は、その場所は竹柵に囲まれており、女人禁制だったということである。ここで乾燥された薬草は、幕府、朝廷などに献上された。

　この突き当たりが精子発見の大イチョウ⒡で、1896年この木において平瀬作五郎により精子が発見されたが、平瀬はこの木によじ登ってギンナンをとり、精子を確認した。下には、それから60年目に建てられた精子発見の記念碑がある（図11·5）。また、世界的発見を記念して100年目にあたる1996年には記念の会がこの前で行われた。そういった意味で植物園回遊のハイライトと言えよう。この周辺には、300年を超えるクスの巨木が何本もそびえており、その周辺にはツバキ園があり、栽培種も含めたツバキ（*Camellia japonica*）が植えられている。また、ツツジ園もあり、日本各地のツツジ（*Rhododendron*）が30種以上植えられているので、5月頃は華やかである。そのわきには青木昆陽の甘藷碑があるが、この場所で1730年頃

図11·5　精子発見のイチョウ

サツマイモの試験的栽培が行われたので、それを記念して1912年に建てられた。サツマイモに見立てた赤い石に'甘藷碑'と刻まれている。八代将軍吉宗の意を受けて行った救荒作物の試作である。

さらに、その中で目立つのは屋根つきの井戸であるが、これは将軍吉宗の時代に、町医者小川笙船の目安箱への投書が採用されて設けられた小石川養生所（施薬院）の井戸で、今日なお利用できる状態にある。事実、関東大震災の折には使われ、今でも非常時に備えたポンプが地下に備えられている。ここは植物園の真中にあたり、養生所は一方の薬園奉行 岡田利左衛門の管理地側にあった。また、大イチョウは岡田利左衛門の役宅の庭に植えられたと推定されており、年輪から逆算して、植えられたのは1713年頃であろう。この辺りは、御薬園を二分する場所で、その道は坂になっているので、「鍋割坂」という名前があったが、養生所の関わりで「病人坂」と呼ばれていたということである。なお、それより北側はもう一人の薬園奉行 芥川小野寺の管理地であった。

井戸の南の長方形の一角は、植物分類標本園でドイツの分類学者エングラー（A. Engler）の分類体系に従って約500種の植物が植えられており、南から北へと植物が配置されているが、それは植物図鑑を開いた時の配列に従って植えられている。植物図鑑を片手に訪問するのも一興かと思う。それと並んで、薬草園もあり、漢方に登場する代表的なものが植えられている。

この地点を北に進むと左手はハンカチノキ（*Davidia involucrata*）⑧である。中国四川省で見いだされた貴重な植物で、ダビデ神父によりパンダとともに19世紀に発見された。ハンカチノキの属名*Davidia*は彼にちなんでいる。また、そこはメタセコイアが発見された場所（磨刀渓）ともそう遠くはない。しかし、白く垂れ下がるのは苞であり、花弁ではない。右手はアメリカスズカケノキ（*Platanus occidentalis*）、プラタナス（*Platanus orientalis*）、および両者の雑種モミジバスズカケ、さらにナツボダイジュ（*Tilia platyphylla*）の並木で、明治維新後、最初に北アメリカ・ヨーロッパ・西アジアなどより導入されたものである。ユリノキ（*Liriodendron tulipifera*）も同時に導入され

た。この名前は大正天皇により与えられたが、これは属名を取ったものであり、英語ではチューリップの木（tulip tree）で、これは学名の種小名に由来する。その先、左手には第5章で触れたコーカサスサワグルミがあり、右手のやや入ったところにサネブトナツメ（*Zizyphus jujuba*）があるが、これは吉宗の時代中国から導入されたものの中で、記録として残る最も古いものである。なお、その時朝鮮人参（*Panax ginseng*）の試作も試みられたがこの地では成功せず、日光市今市で成功して日本でも栽培が始まり、長野県小県郡をはじめ各地へ広がった。次は、中国から導入されたカリン（*Chaenomeles sinensis*）の林で、樹皮に特徴があり、果実は薬用として珍重される。また、この付近は関東大震災で避難民がいたところで、その記念の碑もたっている。そのさらに奥は世界各地の球果類が植えられており、セコイアメスギ（*Sequoia sempervirens*）ⓘ、数種のマツ属アカマツ（*Pinus densiflora*）、スギ（*Cryptomeria japonica*）、トウヒ（*Picea jezoensis*）、モミ（*Abies firma*）、ツガ（*Tsuga sieboldii*）、コウヨウザン（*Cunninghamia lanceolata*）ⓗなどである。セコイアメスギ、コウヨウザンなどの地質時代における消長は第5章に触れられている。これで、植物園はほぼ突き当りであるので左方に曲がって坂を下るが、ここには四阿（あずまや）がある。この場所には九代将軍家重が来たと伝えられている。

　そして、目前に時計台があり、赤く塗られて目立つ木造の建物は旧東京医学校の建物で、1876年に建造され東京大学医学部本館として使われていた（図11・6）。森 鷗外などはこの建物で学んだ。後には事務棟としても使われていたが、1969年に本郷構内から移築されてきたものである。現在は創建時に近い形に修復され重要文化財になっており、東京大学総合研究博物館の別館として運用されている。折々に展示物が変えられるが、植物園側から入場することができる。

　庭園は徳川綱吉の白山御殿にちなむもので、小堀遠州流の流れを汲んでいるといわれている。左手の坂には白山御殿の初期に設けられた滝の後があり、そのわきにはチュンベリー来日200年を記念して黒松が植えられている。ク

11・1 植物散策

図11・6　旧東京医学校本館（現 東京大学総合研究博物館 別館）
建物右の木は、ナンヨウスギ（*Araucaria sp.*）である。

ロマツの学名は、彼にちなんで *Pinus thunbergii* である。園地の石橋は根府川石の見事なものであり、関東辺りでは他に見られないとは工事に関わった専門家の評である。

　ここで、特記せねばならないのは、今でこそ水量が減じているが、台地の下に沿って湧水があることで、池の水はこの湧水で補給されている。湧水場所は何か所も見られる。そして、一番奥の水源のすぐ後ろにあるのが次郎稲荷である。麻布四の橋の光林寺脇からここへ移されたという次郎稲荷は、出世稲荷として今でも氏子がいる。この水源は、1997年の池の浚渫工事により姿を現した。もうこれで園地を横切って、入り口の方へ戻ることになる。大きな鯉の泳ぐ池に沿って梅林があり、また、ショウブ園がある。六月にはきれいに咲き誇る。江戸時代の記録では、梅の水を大奥に二斗届けたという記録がある。さらに、右に進むとヒロハカツラ、シダレカツラがあるが、カツラ⑴は、第三紀にはヨーロッパ、北米にもイチョウとともに成育していたが、日本と大陸の一部に残った（第5章参照）。その先は、メタセコイアの

林ⓜを通って入口へ向かう。24本ある林はこの木の成長が速いことを示している。三木 茂博士の発見のことについても触れた説明板がある。この近くの池の水辺にはヌマスギ（ラクウショウ）（*Taxodium distichum*）ⓚがあり、水辺に顔をだす気根を見ることができる。これらについては第3章でふれた。一方、やや左に曲がると太郎稲荷を通って入口へ向うことになる。この辺りも、池の東側に沿って湧水が何か所も見られる。また、左手の林には、ホウの木（*Magnolia obovata*）、アカガシ（*Quercus acuta*）、シラカシ（*Q. myrsinifolia*）、シイの木（*Castanopsis*）、タブの木（*Persea thunbergii*）など、温帯照葉樹林を形成する植物群がみられ、武蔵野の原風景を想像するよすがとなるので、ちょっと入ってみるといい。また、ヌマスギのあるあたりを塀側に向かうとそこには、変異イチョウがある。オチョコバイチョウ、シダレイチョウ①である。斑入りイチョウはもともと葉緑体変異であったが、元の植物体が優先して、変異は目立たない。

　順路に沿って代表的な植物を示してきたが、日本の植物相は中国大陸の植物と大きなかかわりを持っているので、いわゆる東亜植物区系の植物群を積極的に収集して、園内に配置されている。

　また、季節の植物の開花状況などは、小石川植物園のホームページでも紹介されている。

11・2　歴史の中の植物園

　植物園歴史の概略を、① 明治維新から、今日の東京大学への変遷、② 徳川幕府開府と御薬園の歴史、③ 縄文貝塚から江戸時代までの小石川に分けて、説明する。

11・2・1　明治維新以降

　明治維新（1868年）により、御薬園は明治政府に引き継がれ、最初は東京府大病院御薬園、医学校御薬園、大学校東校御薬園、文部省博物局御薬園と名前を変えた。1875年に博物館附属小石川植物園となり、その時初めて

植物園の名前が登場した。1877年東京大学が創立されると、当初は法文理三学部附属植物園であったが、すぐに理学部附属植物園となった。その時伊藤圭介は員外教授として働き、その下に加藤竹斎がいた。1887年に帝国大学ができると、帝国大学理科大学附属植物園となった。東京帝国大学ができると、その理科大学附属植物園、後に理学部附属植物園と名前を変えた[19]。1948年に新制東京大学ができると、その理学部附属植物園となり、1995年には改組により東京大学大学院理学系研究科附属植物園という変遷をしている。2012年には、御薬園の遺構、養生所の遺構などが国の史跡・名勝に指定された。イチョウ精子、ソテツ精子が発見されたのは、帝国大学理科大学附属植物園の時代の1896年である。植物園は、1884年より有料で一般公開されている。なお、研究活動も重要な仕事で、現在特に絶滅危惧植物の滅失を防ぐ研究をしているが、小笠原諸島の絶滅植物の繁殖と現地の植生の回復に大きな力を入れており、現地植生の復活に貢献している。

コラム　小笠原諸島の絶滅危惧植物

小笠原諸島は、1000万年ほど前の海底火山が隆起して、200万年ほど前に海中より姿を現して成立したが、本土より1000 km離れているので、入ってきた植物も種分化を遂げ、固有種が多く、150種を数える。また、小笠原諸島は17世紀に発見されて小笠原と命名されたが、幕末まではほとんど無人島で、英名Bonin Islandsはこれに由来する。また、最初の住民は捕鯨船の乗組員の子孫であり、アメリカ、デンマークより来た。また、ペリーの艦隊も停泊している。幕末から明治にかけて人々が移入し、彼らは養蚕のためにクワ (*Morus bombycis*) を持ち込んだり、ヤギなども持ち込んだ。固有のオガサワラグワ (*Morus boninensis*) は、このために雑種化などで失われ、また、家畜類の繁殖により植生は大きく影響を受けた。さらに、第二次世界大戦勃発とともに前線となり、住民退去などで島は大いに荒廃した。しかも戦後は長く駐留軍の統治下にあったので、放置されたヤギなどは繁殖し、固有植物など

を食べたので、日本に返還されたとき、絶滅に瀕していた。わずか残ったものはムニンノボタン（*Melastoma tetramerum*）、ムニンツツジ（*Rhododendron boninense*）などである。そこで、1983年より、それらの植物の内12種を小石川植物園において栽培し、繁殖したものを現地に戻すプロジェクトが始まった。現在、その他90種についても小石川植物園他で栽培されており、原生地復元のプロジェクトは進行している。

　上記が植物園の組織名称の変遷であるが、植物園と不可分なのが、理学部植物学教室である。平瀬作五郎は植物学教室所属であったので、教室の動向についても述べる。1877年東京大学が発足したときは、法文理学部は神田一ツ橋の現在学士会館のある場所にあった。植物学教室が現在の本郷キャンパスへ移ったのは1888年であった。1897年には本郷キャンパスより、場所の狭隘を理由に小石川植物園へ移転してきた。そして、38年間そこにあった後、1935年に本郷キャンパスに理学部二号館ができたので、一部を残して本郷へ移転した。なお、植物園長は初代が松村任三教授であったが、代々植物学教室の教授が就任していた。1980年より植物園にも教授職が設けられたので、原則植物園教授が園長であるが、生物学科の教授もある頻度で、兼任で園長を務めている。なお、栃木県日光市に附属植物園の分園として日光植物園があることも触れる必要があろう。

コラム　日光植物園

　日光植物園は、東京では成育できない植物の栽培のために1902年に設けられたが、最初の場所は現在地ではなく、東照宮の南側仏岩であった。近くの稲荷川の度々の氾濫の被害を受けたことから、1911年に現在地に移った。標高630 mであり、冬季は温度が下がる。もとは、松平子爵邸であった。北は大谷川に面し、含満ヶ淵があるが、芭蕉らは奥の細道の途次、対岸からこの場所の梵字を見ていることは、曾良日記に記されている。当初は、3ヘクター

ル程度であったが、1950年に一旦国庫へ入った旧田母沢御用邸が加えられて10ヘクタール余となった。大正天皇は、特にこの地を愛し、園内には記念碑があり、その隣には帽子掛けのクリの木がある。また、今上天皇も皇太子時代この地で過ごされたということで、当時の遺構は防空壕をはじめいくつか残っている。日本各地のツツジ、シャクナゲ、モミジ、高山植物が植えられているのと、比較的自然環境に手を加えられないで植生を維持しているので、今や野外にも見られなくなった植物が成育しているという点で貴重である。また、東京大学が何度か派遣したヒマラヤ調査隊のもたらした植物も一部維持されている。園中央の実験室の隣には、これまでに何度かふれたコウヤマキがそびえている。なお、冬季（12月〜3月）は、一般公開は行われず、休園となる。研究部もあり、准教授が配置され、研究教育の任にあたっている。なお、朝鮮人参は、最初朝鮮から導入され小石川で試作したが栽培できず、日光市今市で成功して各地に栽培が広がったという歴史的な事実もある。

11・2・2　御薬園時代

1603年（慶長8年）に、徳川家康は江戸に徳川幕府を開くが、二代将軍秀忠は、江戸城北の丸にお花畑を設けた。三代将軍家光の時代の1638年（寛永15年）に、江戸の南北に御薬園が開かれた。北は大塚御薬園と呼ばれ、南は麻布御薬園であるが、北御薬園は綱吉の生母 桂昌院の菩提のために護国寺が設けられたため廃され、南に移設された。当時、小石川植物園の場所には、将軍になる前の徳川綱吉が館林藩主 松平徳松としてこの場所にいた。御殿設立にあたって簸川神社や白山神社を現在地に移動させたということである。なお、白山神社がこの地に来たのは江戸時代に入ってからであるが、直接加賀白山から勧請したという説と、元々本郷に勧請されていたものを移設したという二説がある。当初は、この場所は白山御殿と呼ばれており、その時点では周囲に堀がめぐらされていたというが、三間の堀という伝承にはにわかには信じられないものの、堀があったのは事実である。なお、上下の段差があり、玉川上水が分かれた千川上水より水が注がれていたので、上から

下へと五段の滝があったとのことである。

　松平徳松が、五代将軍徳川綱吉となると、しばらくこの地は空いていたが、やがて1684年（貞享元年）に、南北御薬園が合流した麻布御薬園がこの地へ移ってきて、小石川御薬園が始まった。なお、この時、次郎稲荷は麻布四の橋脇の光林寺よりこの地へ来たと伝えられており、このため出世稲荷とも呼ばれている。ただし、御薬園の敷地はしばしば旗本の屋敷などになったりしたので、敷地は狭められた時期もあった。最大になったのは、八代将軍吉宗の時代で、ほぼ現在と同じ敷地（5万坪、15ヘクタール）となった。また、この時代 町医者 小川笙船の目安箱への投書で養生所（施薬院）が設けられ、それは維新まで続き、その後身は東京市へ引き継がれた。その関連で、篤志献体第一号、美幾女の墓地も近所の念速寺にある。そして、南半分は岡田利左衛門が薬園奉行として差配し、北半分は芥川小野寺元風が差配した。それぞれ岡田、芥川両家が幕末までその職にあった。

　なお、この芥川小野寺は、元々駿河鞠子小野薬師堂の別当であり、家康が武田信玄と駿河薬師山で戦ったとき兜首を二つも得るという武功を収めたので、家康により武士になることを勧められたにもかかわらず、それを受けなかった。家康と共に江戸へ来て、お花畑の管理者となった。この芥川家は、数寄屋坊主の家柄の出であった芥川龍之介の家系の本家と推定されている[58]。明治まで代々薬園奉行を継いだ。岡田家差配の方に、養生所が設けられ、その役宅の庭に植えられたイチョウが精子発見のイチョウとなったと推定されている。この岡田家の子孫は医家が多いが、なお植物園の近隣に住んでいる。また、江戸時代駒場にも御薬園があり、植村佐平次はその御庭番の出である。松阪から吉宗に呼ばれて江戸へ来て、採薬師として日本各地に植物調査のために出回っており、興味ある調査報告を残している。植木家は代々その職を継いだが、小石川御薬園にもしばしばその名前が登場し、両者は連携していることがわかる。その時代、青木昆陽が救荒作物としてサツマイモを試作した。さらに、当時中国より薬草が導入され、それらの幾つかは、なお園内に見られる（サネブトナツメ、カリン、サンシュユなど）が、記録とし

て最も古いのはサネブトナツメである。御薬園の業務は、薬用植物を生産して、その産物を幕府、宮中などに供することであった。

コラム　植物園と御庭番

　御庭番とは、徳川吉宗が紀州藩主から八代将軍になった時に、紀州から連れてきた直属の家臣団の中におり、内密の御用を預かるものであり、庭に控えていたので御庭番といわれる。それまでも、幕府には服部半蔵以来内密御用のものはいたが、それらとは処遇も役割も異なっていた。この家系には17家あり、そこから8家が分家し、その内4家は御庭番から外れたので、21家が江戸末期まで続いた。当初は御家人であったが、ほとんどの家系は御目見えの旗本に昇格し、勘定奉行まで務めたものもあるという点で特異である。江戸末期の御庭番の記録は残されており、それによると御三家も三奉行もその監察対象に入っていて、様々な事柄に対応しており、将軍直属であることがわかる。これらの事情は、「江戸城御庭番」[59]に詳しい。

　その中で、駒場御薬園を担当した植村左平次は注目に値する。上記御庭番17家のうちの薮田助八の配下であった。出身は伊勢松阪大津杉村であるが、そこは当時紀州領であった。1710年に紀州お庭方に召し出され、その後江戸で御庭番となった。

　興味あるのは、駒場御薬園が彼の直接の差配地であるが、何度も長期の採薬行を各地で行っていることで、奈良県吉野山中に一か月滞在して、そこでの採薬業務の結果に由来するのが奈良県の今日に残る森野旧薬園である。その他、日光へは、将軍の命令で採薬に行ったが、丹羽正伯と一緒であり、山城、丹波、但馬、丹後、若狭、近江へは二か月かけて行っている。出羽、陸奥へも行っており、鳥海山では暴風雨に遭い難儀をし、同行した人夫は亡くなっている。そして、採薬に行った各地の情報に基づく「採薬記抄録」を残しているが、その元は膨大な採薬記である。その記録が面白いということで、抄録を吉宗、後に家重に提出したとのことである。その筆写録は残っており、小石川植物

園にもある。これは、いわば表の仕事であり、裏の仕事もあったはずであるが、それらについてはわからない。また、彼とその子孫は幕末に至るまで小石川御薬園を頻繁に訪れており、様々な交流があったことが知られている。

　また、染井の植木屋というと、ソメイヨシノの名前とともに、大変有名である。染井の伊藤家は代々伊兵衛を名のっているが、「花壇地錦抄」は江戸期の園芸書として著名であり、三代目の作ということである。代々庭師に従事しているが、この伊藤家も、隠密御用につながるという推定がある [60]。伊藤家は代々藤堂家に仕えており、染井には藤堂家の5ヘクタールという下屋敷があり、そこで不要になった花木を植えるところから始まったのであろうということである。伊藤家は藤堂家下屋敷に隣接してあったのである。藤堂家が伊賀者を使っていたことは、治めている領地からして当然である。しかし、明治になって藤堂家はこの屋敷を引き払ったので、今はその遺構もまったくなく、かつて祈願所であり、菩提寺であった西福寺も一時無住であったということである。

　植村左平次の件も伊藤伊兵衛の件も、元は御庭番ないし隠密御用であり、庭師ということになると、他はどうであろうか？　庭師は庭の管理を理由にどこでも入れたという。このような類推からすると、小石川御薬園の芥川小野寺、小普請組から入ったという岡田家も、そのような役割があったのであろうか。特に、芥川家は駿河の小野寺の別当で武功を挙げて、家康に武士としての出仕を勧められたがそれを断り、当初から北の丸のお花畑で働き、後麻布御薬園に関わって、小石川御薬園ができるとそこへ来たのである。同様な役割があったのかもしれないと想像を働かせてしまった。

11・2・3　江戸以前

　小石川は、歴史時代をはるかに遡り、縄文時代にもその明瞭な痕跡を見ることができる。小石川植物園には貝塚があり、それは実に由緒正しき貝塚である。第1章で触れたモース（E. S. Morse）が最初に発掘したのは大森貝塚であるが、彼が二番目に発掘したのが小石川植物園の貝塚である。その後、

さらに関東一円の貝塚の調査を太政官命令で行っており、その資料は東京大学総合研究博物館に残されている。ただし、この時点では日本の考古学は未だ進歩しておらず、その意義などは判明していなかった。第二次大戦後、東洋大学 和島誠一 教授らにより再度調査が行われて詳細が判明した。電気探査を用いた探索により、現温室を中心に貝塚が5か所見つかっており、それらは馬蹄形に並んでいるが、1か所は植物園の敷地の外である。炭素同位体による年代測定も行われたので、絶対年代も定められた。興味あることは、それらの貝塚は、縄文中期（4600年前）と、縄文後期、晩期（3300年前）にわたって分布していることで、古い方の貝塚からは海産性の貝（ハマグリ、サルボウ、シオフキ、オオガイ、マガキ、バイ、ツメタガイ、イボニシ、アカニシ）が見つかっている。出土する土器は縄文中期の、加曾利E式、勝坂式などである。ところが、後期、晩期の方からは淡水産の貝（シジミ）しか見いだされない。また、土器は堀之内式、亀ヶ岡式などである。したがって、住んでいる人々は異なった文化的背景を持って移住してきたのであろう。すなわち、この場所においては、東京湾がずっと内陸へ入り、利根川に沿って最も内陸へ入った場所は群馬県藤岡市であったといういわゆる縄文海進の変遷にあって、常に陸地であり続け、人々が住み続ける場所であったということができる。つまり、小石川植物園の場所は関東台地の東端で、それより東側は海であった。温暖化した地球が寒冷化するとともに、縄文海進が退潮して淡水化していったことがここから見ることができるという稀な場所である。また、4000年前以来、人々はここに住み続けていたのである [61]。この敷地に接して、東洋大学白山第二キャンパスがあるが、そこには古墳があったと伝えられている。

　さらに、北隣は簸川神社であるが、これは武蔵一ノ宮の氷川神社（埼玉県大宮）の末社である。簸川神社は時代によって、簸川と書いたり、氷川と書いたりしている。氷川神社の分布は旧武蔵国の国造の勢力範囲と重なるといわれ、この出雲系の神社は、関東平野に進出してきて、稲作に携わった。そこには水が必要で、水神が祭られたが、それとこの簸川神社とは密接にかか

わっていよう。伝承によれば、創設は孝昭天皇の時代にさかのぼるということである。「日本書紀」によると、安閑天皇の時代には、武蔵の国造 笠原直使主と同族の小杵が争い、小杵は、上毛野氏と連携して主導権を取ろうとしたが、笠原直は、朝廷に訴えて国造になることができたとあるように、抗争しながら武蔵野の開拓に従ったということで、また産土神であったと思われる。そのために水源確保の必要があって水神を祀ったのであろう。小石川でも、台地に沿って分布している湧水はそのような見地から見る必要があろう。ところで、興味あることに、その地域の東方千葉県方面には、香取神社が分布し、氷川神社と香取神社の緩衝地帯ともいうべきあたりには久伊豆神社が分布するとは、「古代祭祀と文学」[62]の述べるところである。香取神社は、下総の一宮で中臣氏を祭る、いわゆる天神系である。また、利根川沿いの沼地であったところには少し時代が遅れて伊豆方面から入った人々が住んで、久伊豆神社を祭ったのであろうと述べられている。このような古代の人々の痕跡が簸川神社にも隠れているようであり、関東平野の開拓の様子をうかがうことができる。

　その後、江戸時代までは記録が途絶えるが、太郎稲荷には以前より板碑が保存されている。板碑は多く鎌倉時代に作られ、文京区にも年号がほられているものがいくつか知られているが、この板碑は下部が欠けているので、年代は決められない。これも鎌倉期のものとすると、その時代にも痕跡があると言えるであろう。

第12章

イチョウが教えてくれるもの

　これまで見てきたように、種子植物でありながら、あたかも海で始まった生命の記憶を呼び起こすかのように精子形成をするという特異な生殖様式を持つイチョウは、中生代に登場し、繁栄し、一時は多様性を極め、世界中にその分布を広げた。その後、新生代へ入って衰退へ向かったが、何度もその勢力は盛り返した。500万年前には日本にも成育していたが、最後に残ったのは中国であり、現生のほぼ一種類に限られ、それも南西中国の内陸部のみであった。日本へは多分1000年前ぐらいに仏教とともに到達したが、何度も波状的に渡来し、各地へ広がった。イチョウの科学的記載を最初に行ったのは、オランダ東インド会社（VOC）のドイツ人医師ケンペル（E. Kaempfer）であり、主として日本経由で18世紀に入ってヨーロッパへ導入されて、珍重された。その後は生きている化石として世界へ広がったのであり、その過程を述べてきた。本書の記述は、イチョウとは、ある意味植物の中で大変ユニークな位置を占め、例外的存在であるという印象を与えてきたかもしれない。しかしながら、そのイチョウが教えてくれるものは、現代社会で誰しもが関心を持つ世界的に共通する話題であるサステイナビリティ（持続可能性）への重要な示唆を与えてくれることを述べて、本書のメッセージの一つとしたい。

　今日生物種の多様性が危機に瀕しており、世界的関心事となっていることは改めて述べるまでもないであろう。多様性の維持は、人類のサステイナビリティの根幹にかかわる重要なことであるという広い認識がある。国際連合を中心として様々な形で対応されているが、その一つは、生物種の絶滅に関わることであり、多くの動物・植物が等しく絶滅に瀕しており、絶滅してし

まったものも少なくない。このような現状の中で、1992年のリオ・デ・ジャネイロでの世界生物多様性条約（Convention of Biodiversity）は、国連の関係する会議では最も大きな会議でごくわずかの国を除いて調印し、批准され、その後それを具体的に実現する方向での条約・規則が作られた。人間活動による地球温暖化を防ぐため、二酸化炭素などの温室効果ガスの排出制限をとり決めた京都議定書、生物資源の分配に関する名古屋議定書などがある。2012年はリオの会議から20年で、改めてその確認と評価が行われた。それらへの対応は、人類に引き続き課された大きな課題である [26]。

　ところで、種の絶滅は地球史的には何度も起こっており、その規模が生物種の90％以上が無くなったという激しいものであったことは、良く知られている。最初は、4.43億年前の古生代オルドビス紀とシルル紀の境界であり、2番目は3.8億年前のデボン紀後期であった。3番目は、ペルム紀と三畳紀の間の2.51億年前であるが、これは特に激烈で、ほとんどの生物種は絶えたことが知られている。4番目がおよそ2億年前の三畳紀の終わりである。そして、最後は白亜紀と新生代の境界（いわゆるK/T境界）であり、隕石の落下が原因とされている。他の時期の絶滅においても小惑星の落下を理由に考えている人もいるが、まだその証拠は弱いようである。これらの推定は主として海洋動物のデータによるが、植物もほぼ同様な変化に遭遇していると思われる。その中で、イチョウの祖先は生き延びて、新生代に入ってもしばらくは繁栄していた。ただし、単純に栄えて、やがて滅びに向かったのではなく、イチョウは再生力があり、滅びかけることがあっても何度も盛り返した。イチョウの場合、それを食べた動物により散布されて盛り返したと推定されている。これを何度かくり返したが、やがて新生代に入って氷河時代の広がりの中で成育地が狭められ、中国南部の、氷河の影響を受けないような場所で生き延びたのである。

　それでは、種が絶滅するとはどういうことであろうか。まず、その集団の規模が小さくなると、ごくわずかな切っ掛けで絶滅してしまう可能性が著しく高くなる。このことは、ダーウィンが指摘し、現代の生物保護関係者も一

致して認識している。そして、何らかの要因で散布者の消失が生じると、絶滅は一気に顕在化する。これを、今日われわれは国際自然保護連合の定義による「レッドリスト」に見ることができる。レッドリストは、日本でも環境省によって編纂され、自然環境研究センターによって、全9巻の大部の本として刊行されており、カバーもレッドリストを反映して赤表紙であり、最近その第二版が出された。

　絶滅に至る過程を具体的に見る良い例があるので、それを手掛かりに、種の絶滅の状況とそれへの対応を考えてみよう。1994年に、オーストラリア・シドニーの南方の国立公園内で発見されたウォレミ・パイン（Wollemi pine）（*Wollemia nobilis*、ナンヨウスギ科）は、その個体数は110本ほどであり、その場所はザイルでしか降りられないような峡谷部で、放っておけば絶滅に至るであろうことは容易に予測できた。悪意のない訪問者であっても、その靴底に付着しているかもしれない植物病原菌が絶滅の要因となる可能性も十分ある。もちろん、悪意を持った不心得者が盗掘する可能性も十分考えなければならない。そのため、オーストラリア・ニューサウスウェールズ州担当者は、現生地を秘匿する一方、これら植物を外部でクローンとして繁殖する方法を取った。また、それを世界的にも流布させるような工夫もした。それは大変巧妙な方法で、一部はサザビーのオークションにかけて資金を得て、保全の費用とした。また、アメリカ地理学協会のナショナル・ジオグラフィック（National Geographic）を通じて有料で世界へ頒布した。私も、日本植物園協会の大会に小石川植物園長として参加した折に、その1本を得て植物園へ持ち帰った。現在、ウォレミ・パインは世界中で維持されている。

　人々の関心に訴えて植物園などで積極的に繁殖させたことで、世界に広まったウォレミ・パインはもはや種として絶滅することはないであろう。もちろん、原生地が第一義的に重要であり、その保全が重要であることは言うまでもない。

　ところで、最初に触れた生物多様性条約は、本来生物種の多様性を世界的規模で保全するということから始まったはずであるが、多様性に富む国々は

熱帯圏の発展途上国が多く、それらの国々の権益を守るという点から、それらの国々に存在する生物種はそれぞれの国々の資産として帰属するという方向へ定まってしまった。その結果、世界的見地からの保護という点からは、いくつかの不都合・不自由な点も生じてしまっている。有用作物関連の野生種などは、本来は自由に流通しており、品種改良の素材として使われていたが、今やこの条約の拘束を受けるものも多くなって、研究レベルでも支障が生じている。また、単純な植物標本の採集もこの規制を受けるようになった。このような見地からすると、ウォレミ・パインの保全のために取られた方法は大変示唆的であり、多くのことを考えさせられる。

　このような視点から、人々が種の多様性の危機に気づく前に起こったことであるが、イチョウが一旦は衰退したのに、人とのかかわりの中で、世界中に広がっていったことは改めて注目すべきことである。これは、イチョウが決して特異な、例外的な植物ではなく、人と関係することにより絶滅を防ぎ、保全が図れるということを示している。また、これまでの章で見てきたように、人とイチョウとの文化的関係も大変重要な役割を果たしてきた。このような見地から改めてイチョウを注目すべきであろう。したがって、イチョウが世界へ広まって行った具体的な出来事を知り、また、人とどのような関わりがあったかを知ることは、地球の環境保全の見地からも大変重要であると考える。

第 13 章

終　章

　本書は、私が1996年にイチョウ精子発見100年を記念する会の中心として働いて以来、ほぼ16年間にわたる思索遍歴であり、好奇心の赴くままあちこちへ寄り道した結果の集積である。シュトラスブルガーの入手したギンナンの追跡から始まって、いきなりウィーン大学植物園に飛び、そこからケンペルの旅行の後をたどった。それは、まさに世界へ広がっていったイチョウの行方と植物の雌雄性発見追跡の旅であった。また、自らの理解のために陸上で繁栄した植物の進化の歴史を追い、不思議な明治の人脈をたどる歴史の旅でもあった。しかし、ここに至るようになった過程で、私にとって印象深い一つの出来事について述べなければならない。本書の骨格となるストーリーは、小石川植物園ニュースレターに寄せた記事を中心としており、それはかなり前にでき上がっていた。分量は時間とともに増大していった。特に、科学雑誌「自然」元編集長 岡部昭彦氏に何度となく励まされたことは、その推進の大きな力となった。とりわけ、広まっているケンペルによるGinkgo 誤記説には、有力な反論を提出できたと思っている。しかしながら、それでも元の稿はなかなか収束する方向に向かうことはなかった。

　ところが、2011年2月に、第5章にも触れたようにイェール大学クレーン（P. Crane）教授から彼の準備中の著書「Ginkgo（イチョウ）」が届いた時、にわかに私の稿も終結へ向かう切っ掛けを得ることとなった。彼の本と本書は、タイトルは類似しており、いずれもイチョウに関する本であるが、趣が異なり、また目指す方向も異なっていた。その時点で彼の原稿は未だ半分にも満たないドラフトであり、彼から求められたことは、平瀬作五郎のイチョウ精子発見の事実と、その頃の東京大学の状況、また小石川植物園の様子で

第13章 終 章

あった。これは、本書の話題でもあり、手元にあったそれまでに得ていた関連する情報はすべて連絡した。ただ、古生物学を元々の専門とする彼の稿には「イチョウの古生物学」があり、私がそこから学ぶことは多かった。これは私の稿にはまったく欠けている部分であるので、その部分の要約を私の稿に加えさせていただくことで、私の「イチョウ」は終結へ向けてにわかに動き出すことができた。

　そこから出発して、新たに展開に寄与したもう一つの要因があった。それは彼の稿にあった一枚のイチョウの図版である。イギリス王立キュー植物園蔵の、加藤竹斎による1878年制作のイチョウの木製植物画である（図13・1）。これを見たとき、小石川植物園の加藤竹斎作の未発表の原画をもとにしていることがすぐにわかった（図13・2）。ところが、彼の本に書かれていたことは、これらの図版はベルリン・ダーレム植物園と王立キュー植物園

図13・1　加藤竹斎 木製植物画「イチョウ」
　イギリス王立キュー植物園蔵。

図13・2　加藤竹斎イチョウ図
　原画は、東京大学附属植物園蔵。

図 13・3　Japan Day by Day（日本その日その日）より
モース著 'Japan Day by Day' においてモースは、加藤竹斎木版画を植物学の教材として大変優れていると述べ、図 326 に加藤竹斎図版のスケッチを載せている。絵から、植物はツツジ（*Rhododendron sp.*）と推定されるが、この図の元となった木版画は未だ見つかっていない。

Fig. 326

にしかその存在が知られておらず、その用途についても、また、どのようにして制作されたかもまったく不明であるということであった。制作された場所にないはずはないと探してもらったところ、果たして小石川植物園にも見つかった。さらに、小石川植物園ニュースレターへ寄稿したことを契機にハーバート大学でもその存在が明らかになり、さらにロンドンの個人コレクションにも見いだされた。しかも、その制作の意図は第 1 章に触れたモース（E. S. Morse）の有名な 'Japan Day by Day'[4] に、図入りで説明があることがわかった。そこでは、「これは植物学の教育目的には素晴らしいもので、描かれる植物の材に絵が描かれ、その 4 辺は樹皮付きの枝で、四隅は樹の横断面である」と書いてあるように、本来教育目的であることが明瞭であった（図 13・3）。この記述に気づいたのは、2011 年 3 月 8 日の早朝で東日本大震災の直前であった。しかも、モースの著書には、その時日本へ来て初めての大きな地震があり、その後であったという記述もあり、印象はいやがうえにも高まった。さらに、制作過程については、名古屋市東山植物園が刊行した「伊藤圭介日記第 16 巻」[63] に詳細に描かれていることが判明した。その詳細についてはここでは割愛するが、日本における植物画の伝統を示す貴重な資料であることが判明した。また、小石川植物園の伊藤圭介のもとは当時の外国人の行きかう場所であり、その中にはすでに第 1 章でふれたモース、マレー（D. Murray）がおり、イギリスの外交官で明治維新にも深くかかわるサトウ（E. Satow）ら多くの人々がいた [64]。

第13章 終章

　このようにして本稿は収束の方向へ向かうこととなった。その過程で、イチョウについての文化的背景も明らかになったが、その副産物として、私が幼児から親しんだヒロハカツラ、コウヤマキは、それぞれ細部は異なるが、一旦地球上に広がり、東アジアに遺存した珍しい木であることを知った。これは意外な収穫であったが、これら植物を知っていただくためには小石川植物園の概要を述べ、どこにあるか示すことは意義ありと考え、そのために第11章を設けた。私の本来行っていた研究からは、大変逸脱した内容になったことに自ら驚いたが、好奇心のなせる業は止めようがなかった。

　私が何を専門としており、その領域は何であるかと思われる方には、最近求められて自らの40年を振り返る文章を専門書へしたためたので、それはそちらへ譲りたい。興味のある向きには、次の文献を見ていただけたらと思う。

　T. Nagata: A journey with plant cell division: Reflection at my halfway stop. Progress in Botany **71**, 5-24（2010）

　概略は、主として植物細胞の細胞分裂とその周辺の研究を振り返ったものであり、最初手がけたタバコ葉肉プロトプラストよりの植物体再生は世界で最初となった。また、当時葉の細胞は培養できないといわれていたが、決してそうではなく、むしろ条件設定によっては好適な材料であることを示した。その後、ドイツへ行き、東京大学教養学部、名古屋大学理学部、基礎生物学研究所を経て、東京大学理学部への移動とそれぞれの時期での研究の展開を書いたが、いずれの場面でも細胞分裂が登場するというものである。

　上記の論文の要請があったとき、編集者は2010年の巻頭の論文として、当初私が開拓して植物のモデル細胞系となったタバコBY-2細胞系について書くようにと言ってきた。しかし、それについては、すでに二冊のモノグラフが私の編でSpringer-Verlag [T. Nagata *et al.* (eds.)：Tobacco BY-2 Cells (2004)，T. Nagata *et al.* (eds.)：Tobacco BY-2 Cells: From Omics to Cellular Dynamics (2006)] より発表されたばかりであるので、内容が重複することには抵抗があった。この2冊の本にはこの細胞が植物細胞の細胞分裂を調

べるのに最適であることが確立され、世界中の科学者が追求していることをまとめたものである。ところが、その後編集者からは遺伝学関係であればなんでもよろしいと言ってきたので、それまで書いたことがないことを書くことで応諾した。また、その時点で、上記 Progress in Botany を刊行している Springer-Verlag の編集者は、すでに印刷されているその前年と前々年の論文を送ってこられた。そのうちの一人は、ヴェットシュタイン（D. von Wettstein）教授であり、第1章で触れた、シュトラスブルガーにギンナンをウィーンから送ったヴェットシュタイン（Richard von Wettstein）の孫にあたっている。優れた研究者であり、長くコペンハーゲンのカールスバーグ研究所の教授であり、カバーする研究領域は、葉緑体、減数分裂時の染色体の対合の研究、酵母の遺伝学などと広範である。因みにビール酵母（*Saccharomyces carlsbergensis*）が最初にクローン化されたのはこの研究所である。そして、自らの研究を振り返られた論文であった。もう一人は、やはりオーストラリア科学技術研究機関（CSIRO）の著名な光合成の研究者であり、C4光合成の権威者オズモンド（Barry Osmond）博士で、一度ドイツでお目にかかった方であるが、それらの人々と同列に扱われることは大変光栄であるとも返事をした。また、これらはその年の巻頭言に当たり、論文といっても経歴と写真がついているので、少し特別な扱いであることを知って、編集者へは改めて感謝の意を表した。

　したがって、今回の論考と上記自らを振り返る記を併せると、私の精神活動の多くをカバーしたことになる。そういった経緯であることを知っていただけたら幸いである。

引用文献

本書では以下の文献を参考にした。

[1] 東京大学百年史：理学部 編（1977）
[2] 久米邦武 編：特命全権大使 米欧回覧実記（1〜5）（岩波文庫）、岩波書店（1977）
[3] ドロシー・G. ウェイマン：エドワード・シルベスター・モース（上下）、蜷川親正 訳、中央公論美術出版（1976）
[4] E.S. Morse: Japan Day by Day, Vol. 1, Houghton Mifflin Co., Boston and New York（1917）
[5] 東京大学附属植物園社会教育委員会 編：イチョウ精子発見100年、小石川植物園後援会（1996）
[6] E. Strasburger: Histologische Beiträge IV., Gustav Fischer Verlag, Jena（1892）
[7] M. Pelz-Grabenbauer, M. Kiehn (eds.): Anton Kerner von Marilaun, Verlag der Österreichschen Akademie der Wissenschaften（2004）
[8] Knaurs Kulturführer in Farbe, Deutschland. Droemer-Knaur Verlag（1994）
[9] B. ボダルト・ベイリー：ケンペルと徳川綱吉（中公新書）、中 直一 訳、中央公論社（1994）
[10] B. Bodart-Bailey: The Dog Shogun, University of Hawai'i Press（2006）
[11] P. H. Raven, G. B. Johnson: Biology, 5th Ed., WCB/McGraw-Hill（1999）
[12] K. Goebel: Wilhelm Hofmeister, Wissenschaftliches Verlag, Leibzig（1924）
[13] Edwards C. Corner: The Life of Plants, The University of Chicago Press（1964）

[14] K.J. Norsog, T.J. Nicholls: The Biology of the Cycads. Cornell Univ. Press（1997）

[15] 斎藤清明：メタセコイア（中公新書）、中央公論社（1995）

[16] 前川文夫：日本固有の植物（玉川選書）、玉川大学出版部（1978）

[17] 上田正昭：私の日本古代史（下）（新潮選書）、新潮社（2012）

[18] 古田 亮：高橋由一（中公新書）、中央公論社（2012）

[19] 小倉 謙：東京帝国大学理学部植物学教室沿革（1940）

[20] 高橋是清：高橋是清自伝（上下）（中公文庫）、中央公論社（1976）

[21] 中野 実：東京大学物語、吉川弘文館（1999）

[22] クララ・ホイットニー：勝海舟の嫁 クララの明治日記（上下）（中公文庫）、一又民子・岩原明子・高野フミ・小林ひろみ 訳、中央公論社（1996）

[23] 江藤 淳：漱石とその時代、第二部（新潮選書）、新潮社（1970）

[24] 池野成一郎：植物系統学、裳華房（1906）

[25] Arthur C. Doyle: The Lost World and Other Stories, Wordsworth Classics（1987）

[26] P. Crane: Ginkgo, Yale University Press（2013）

[27] W. Hennig: Phylogenetic Systematics, University of Chicago Press（1979）

[28] 読売新聞社 編集：新 日本名木100選、読売新聞社（1990）

[29] 堀 輝三：日本の巨木イチョウ、内田老鶴圃（2003）

[30] T.R. Hori, R.W. Ridge, W. Tulecke, P. Del Tredici, J. Trémouilleaux-Guiller, H. Tobe（eds.）: Ginkgo Biloba - A Global Treasure, Springer-Verlag, Tokyo（1997）

[31] 龍 粛 訳：吾妻鏡（4）（岩波文庫）、岩波書店（1941）

[32] 慈円：愚管抄、丸山二郎 訳（岩波文庫）、岩波書店（1949）

[33] P. Thockmorton: The Sea Remembers: Shipwrecks and Archaeology. Chancellor Press, London（1998）.

[34] J. マーチャント：アンティキテラ 古代ギリシアのコンピュータ（文春文庫）、木村博江 訳、文藝春秋（2011）

[35] 辻 邦生：銀杏散りやまず（新潮文庫）、新潮社（1995）
[36] 海音寺潮五郎：二本の銀杏（上下）（文春文庫）、文藝春秋（1998）
[37] 夏目漱石：三四郎（新潮文庫）、新潮社（1948）
[38] 島崎藤村：破戒（岩波文庫）、岩波書店（2002）
[39] イチョウ精子発見100年記念委員会編：いまなぜイチョウ？、現代書林（1997）
[40] M. Schmid, H. Schmoll: Ginkgo. Wissenschaftlichesverlag mbH, Stuttgart（1994）
[41] E. Kaempfer: Amoenitatum Exoticarum, Lemgo（1712）
[42] 新村 出：語源をさぐる（旺文社文庫）、旺文社（1981）
[43] E. Kaempfer: History of Japan, Vol. I-III, translated by J.C. Scheuchzer, The University of Glasgow（1727）
[44] 平沢 一：書物航游（中公文庫）、中央公論社（1996）
[45] E. ケンペル：江戸参府紀行日記、斎藤 信 訳、平凡社（1977）
[46] 新井白石：西洋紀聞（岩波文庫）、岩波書店（1936）
[47] 今村明恒：蘭学の祖－今村英生、朝日新聞社（1942）
[48] B. ボダルト＝ベイレイ、D. マサレラ（編）：遥かなる目的地、中 直一、小林小百合 訳、大阪大学出版会（1999）
[49] B. ボダルト＝ベイレイ：ケンペル、中 直一訳、ミネルヴァ書房（2009）
[50] 片桐一男：阿蘭陀通詞今村源右衛門英世、丸善ライブラリー（1995）
[51] J. W. ゲーテ：西東詩集（岩波文庫）、小牧健夫 訳、岩波書店（1962）
[52] Siegfried Unseld: Goethe und der Ginkgo, Insel Verlag（1998）
[53] S. Schneckenberger: Goethe und die Pflanzenwelt, Palmen Garten Frankfurt（1999）
[54] Johann Wolfgang von Goethe: Die Metamorphose der Pflanzen, Gotha（1790）
[55] 熊沢正夫：植物器官学、裳華房（1979）
[56] 東京大学 編：伊藤圭介、賀来飛霞 編：小石川植物園草木図説、Vol. 1

(1881)、Vol.2、丸善（1885）

[57] 上田三平：増補改訂 日本薬園史の研究、渡辺書店（1972）
[58] 小野蘭山没後200年記念誌編集委員会：小野蘭山、八坂書房（2010）
[59] 深井雅海：江戸城御庭番（中公新書）、中央公論社（1992）
[60] 木村陽二郎：江戸期のナチュラリスト（朝日選書）、朝日新聞社（1988）
[61] 東京都文京区 編：文京区史（巻3）、（1968）
[62] 西角井正慶：古代祭祀と文学、中央公論社（1966）
[63] 伊藤圭介：伊藤圭介日記（第16集）、圭介文書研究会 編、名古屋市東山植物園（2010）
[64] 萩原延壽：遠い崖―アーネスト・サトウ日記抄（第13巻、西南戦争）、（第14巻、離日）（朝日文庫）、朝日新聞社（2001）
[65] T. Nagata , A. DuVal , H.W. Lack , G. Loudon , M. Nesbitt, M. Schmull, P. R. Crane : An unsual xylotheaques with plant illustrations from early Meiji Japan. Economic Botany **67**, 87-97（2013）
[66] 篠遠喜人・向坂道治：大生物学者と生物学、興学社出版部（1930）
[67] W. Troll: Praktische Einführung in die Pflanzenmorphologie, Erster Teil: Der Vegetative Aufbau, VEB Gustav Fischer Verlag (1954)
[68] スティーヴン・ジェイ・グールド：ワンダフル・ライフ、渡辺政隆 訳、早川書房（2000）
[69] サイモン・コンウェイ・モリス：カンブリア紀の怪物たち、松井孝典 監訳、講談社（1997）
[70] 植物文化研究会 編集：図説 花と樹の大事典、柏書房（1996）
[71] 木村陽二郎：ナチュラリストの系譜（中公新書）、中央公論社（1983）
[72] 板沢武雄：シーボルト、吉川弘文館（1988）
[73] 高橋啓一：化石は語る、八坂書房（2008）

索引

A
ABC モデル 160
APG システム 84

C
Cathaya argyrophylla 88
Cuneiform 134

F, G
FT タンパク質 163
Ginkgo apodes 79
Ginkgo biloba 134
Ginkgo cordilobata 69
Ginkgo cranei 85
Ginkgo huttoni 76
Ginkgoites 73
Ginkgoites tigrensis 77
Ginkgo yimaensis 76-79
Ginkgo 誤記説 135

J, K
Japan Day by Day 191
Kannascopianthes 80
Kannaskopifolia 80
Karkenia 77
Karkenia henanensis 78
Karkenia incurve 77
K/T 境界 186
K^+ イオンチャネル 35

L, M
Lignotuber 103
MADS ボックス 161
Murray 191

P
PCR 90, 91
Prairie 86

R, S
RAPD 91
Satow 191
Steppe 86

T, V, Y
The History of Japan 142
VOC 25, 118
Yimaia recurva 77-79

あ
アーノルド樹木園 120
アウグスト大公 155
葵紋 112
アオキ 140
青木昆陽 172
アガシー 4
アケボノスギ 166
アケボノゾウ 47
アステロキシロン 70
アスパラギン酸アミノ基転移
　酵素の多型 101
吾妻鏡 95
アタビズム 106
アダンソン 140
アマースト農科大学 58
アマゾナス 123
新井白石 146
アルツハイマー症 130
アルバートザウルス 84
アンチキテラ 97
アントシアン 127
暗夜行路 116

い
生きている化石 40, 50
池田菊苗 65
池野成一郎 8, 41, 54, 64, 65
池野成一郎文庫 67
イシュプシュタ 69
イソプレノイド 127
イタリア旅行 157
イチョウ 8, 27, 40, 68, 83, 87,
　91-93, 113, 117, 135, 136,
　140, 165, 172
鴨脚(いちょう) 135
銀杏返し 112
イチョウ酸 128
イチョウ精子発見100年 189
銀杏散りやまず 115
イチョウの雄花 14
イチョウの花粉 15
イチョウの精子発見 8
イチョウの胚珠 14

索 引

イチョウ葉エキス 128, 130
イチョウ紋 94, 112
イチョウ校章 110
イチョウシンボル 109
伊藤圭介 32, 140, 177
伊藤圭介日記 191
イボタ 139
イマイア・レクルヴァ 77-79
義馬炭鉱 76
今村明恒 147
今村源右衛門英生 145
岩倉使節団 2

う

ヴァヴィロフ 90
ウィーン大学（附属）植物園 17, 20, 21
ヴィレマー 152
ウェストファリア条約 23
ヴェットシュタイン 17, 22, 119
ウォレミ・パイン 187
失われた世界 68
ウプサラ 121
産土神 184

え

江戸参府旅行 145
エネルギーのピラミッド 85
エリス 117
エンボリズム 37, 122

お

王立科学協会 143
王立キュー植物園 190
大銀杏 112
大阪大学 110

大阪府立大学 110
大森貝塚 182
オールドライオン 28, 118
岡倉天心 53
御飾書 94
小笠原諸島の絶滅危惧植物 177
小川笙船 180
オゾン層 34
小千谷市 113
オチョコバ（ラッパ）イチョウ 107, 176
オックスフォード大学 142
オトギリソウ 131
御庭番 181
お葉付きイチョウ 104
御薬園 171, 179
お雇い外国人教師 1, 2
オランダ国立標本館 167
オランダ国立標本館シーボルト記念室 32
オランダ東インド会社 25, 93, 118, 185
オリヅルラン 159

か

廻国奇観 133, 136, 139
海産性の貝 183
開成学校 58
解体新書 147
開拓使 59
解剖学 158
海洋考古学 96
街路樹 109
学士院恩賜賞 54
カザフスタン 171
花成ホルモン 162

カツラ 41, 87, 88, 175
加藤竹斎 32, 177, 190
加藤弘之 4
狩野亮吉 65
花粉嚢 15
花粉分析 88, 89
カランコエ 159
ガリバー旅行記 134
カルケニア 77
カルケニア・インクルヴァ 77
カルケニア・ヘナンエンシス 78
カルコン合成酵素 126
カロテノイド 103
甘藷碑 173
カント 149
カンナスコピアンテス 80
カンナスコピフォリア 80

き

菊池大麓 60
気孔 35
北金ヶ沢の大イチョウ 102
北里柴三郎 7
木下杢太郎 135
球果類 83
キュー植物園 28
共進化 162
京都議定書 186
恐竜 68
恐竜の絶滅 89
キリシタン屋敷 146
キレンゲショウマ 61
キンギョソウ 160
ギンコイテス 73
ギンコイテス・チグレンシス

199

77
ギンコウ・イマエンシス 76-79
ギンコウ・コルディロバータ 69
ギンコウ・フットニー 76
ギンコール酸 131
ギンコライド 127
ギンコライド B 129
ギンナン 16, 89, 100, 125, 136, 137
銀杏 136
ギンナン細工 114
銀杏大王 91
琴の大イチョウ 93
金佛山 88, 89
訓蒙図彙 145

【く】

空海 94
グールド 70
愚管抄 95
公暁 95
クジャクシダ 40
クジャクシダ様の葉 68
クストー 97
クチクラ 35
首かけイチョウ 102
熊本大学 110
クラーク 58
クラジスティックス 44, 80, 82
グリム 155
グレー 4
クレーン 68, 85
グロソプテリス 74
クロマツ 174

クロロフィラーゼ 103
クロロフィル 103

【け】

形態学 158
系統樹 84
景徳鎮 99
ゲーテ 106, 119, 151, 155
ゲーテの日記 154
ゲーテ博物館 151
ケーニヒスベルク大学 149
血小板活性化因子 129
血流阻害 129
ケルナー 18
健康補助食品 128, 131
原植物 157
原爆イチョウ 114
ケンペル 23, 26, 117, 133, 137, 141, 185
ケンペロール 126
見聞諸家紋 94

【こ】

小石川御薬園 147, 180
小石川植物園 8, 165
小石川植物園後援会 150
小石川植物園草木図説 32
小石川植物園草木目録 32
小石川植物園の貝塚 183
小銀杏 112
コウガゾウ 47
光周性 162
貢進生 57
酵素多型 101
工部美術学校 53
弘法大師 94
コウヤマキ 48, 87, 92, 113,

166, 192
黄葉 103
コウヨウザン 85, 88, 174
コーカサスサワグルミ 88, 174
ゴードン 117
コケ植物 38
古生物学 190
胡 先驌 47
駒場御薬園 180, 181
コマロフ植物園 121
固有種 177

【さ】

財政の守護神 56
栽培リンゴ 170
鎖国 148
サステイナビリティ 185
ザックス 12
サトウ 191
サバチエ 167
サプリメント 131
ザミア 43
サンゴジュ 113
三畳紀 80
三四郎 116

【し】

シアノバクテリア 34
シーボルト 32, 48, 141, 167
寺社御用唐船 100
シシリア島 121
シダ種子植物 44
シダ植物 35, 38
シダレイチョウ 108, 176
志筑忠雄 148
シドッチ 145

シナン（新安）沈船 96, 98, 100
柴田記念館 167
ジパング 149
シミ（紙魚）除け 114
下鴨神社 135
シャー 24
ジャイアント・パンダ 92
シャクナゲ 179
ジャッカン 22, 31, 119
楮鞭会 33
シャミセンガイ 3
シャム 25
雌雄異株 29
周 志炎 74
重慶特別市 89
珠孔液 15
種子植物 38
種子（の）形成 38, 45
シュトラスブルガー 10, 20, 22, 119
種の絶滅 186
種の多様性 185
ジュラ紀 80
春化処理 123
ショイヒツァー 25, 143
蒸散 37
上沢寺 107
嘗百社 33
ショウブ 175
商法講習所 63
小胞子 38
縄文海進 183
縄文中期 183
ショクダイオオコンニャク 171
植物学雑誌 9, 42, 60

植物器官学 158
植物系統学 67
植物（の）生活環 38, 39
植物分類標本園 173
植物変形論 156, 158, 161
ジョシュー 155
シラー 157
シロイヌナズナ 160
進化論 4
鍼灸 133
新生代 80
新第三紀 87
新体詩抄 62

す

スイショウ 87
水神 184
スウィフト 134
ステゴザウルス 84
ストックホルム 121
ストロマトライト 34
スレイマン 24
スローン（卿） 143, 148
スローンコレクション 142

せ

成均館大学校 110
精細胞 38
精子発見 8
西説伯楽必携 147
性転換 29
西東詩集 155
生物多様性条約 187
西洋紀聞 146
世界生物多様性条約 186
セコイア 46, 87
セコイアメスギ 36, 174

世代交代 39
施薬院 173, 180
千川上水 179
先カンブリア時代 34
染色体数 29
セント・ペテルスブルク 121
千本イチョウ 93

そ

宗旦イチョウ 111
ソテツ 8, 40, 41, 42, 66, 68, 165, 166, 171
ソテツシダ目 44
ソテツの精子 41, 43
ソテツの精子発見 8
ソテツの大胞子嚢 43
祖父江 111
ソメイヨシノ 167

た

ダーウィン 4, 50
大英博物館 143
大学南校 58
ダイズ 139
泰西本草名疏 32, 140
タイプ標本 167
大胞子 38
高橋是清 55, 56, 57
高橋由一 52
田中芳男 31
タニワタリ 139
ダビデ神父 173
短日植物 163
淡水産の貝 183

ち

チェイニー 48

地質年代 71, 72
チチ 103
乳イチョウ 93
チャイリャヒャン 163
茶碗蒸し 111
チュウゴクギンモミ 88, 92
チュウゴクシソチョウ 79
チュンベリー 32, 140, 141, 167
長日植物 163
朝鮮人参 174
チラノザウルス・レックス 84
地理的遺存種 51

つ

通詞 147
ツツジ 172, 179
ツバキ 172
鶴岡八幡宮 95

て

ディヴァン 152
ディズニーランド（の）動物王国 123
デカンドール 28, 118
出島乙名 148
デトモルト 27
デボン紀 34
テルペノイド 127
テルペンラクトン 128
天絵学舎 52

と

ドイル 68
道管 36
道管の形成 45

東京医学校 174
東京大学 58, 110
東京大学創立 1, 177
東京大学総合研究博物館別館 174
東京大学大学院理学系研究科附属植物園 177
東京大学予備門 65
東京大学臨海実験所 4
東京帝国大学理学部地震学科 147
東京帝国大学理科大学紀要 9
東京美術学校 7
東福寺 99
ドーム 144
徳川綱吉 26, 179
外山正一 60, 61
トリケラトプス 84
トリコピチス 73
ドレスデン 28
トロル 158

な

内藤誠太郎 55, 58
ナウマン 2
ナウマンゾウ 47
中井誠太郎 62
中井猛之進 61
長崎奉行 148
長崎方言 149
中村惕斎 145
名古屋議定書 186
夏目漱石 65
ナナカマド 121
ナポレオンⅠ世 153

に

苦竹のイチョウ 93
二叉分枝 40, 108
西天目山 89, 90
二重盲検 130
日光植物園 178
日本遺伝学会 66
日本固有（の）植物 48
日本誌 25, 142, 144
日本植物誌 32, 140
日本植物図解 60
ニュートン 170
ニュートンのリンゴ 170
ニューヨーク植物園 120
認知症 130

ぬ, ね

ヌマスギ 46, 85, 176
ネギ 139

の

ノウゼンカズラ 159
ノースダコタ 85
ノコギリヤシ 131

は

バージェス頁岩 70
ハーバード大学アーノルド樹木園 122
胚珠 15
ハイデルベルク大学 13
配糖体 127
梅林 175
破戒 116
白亜紀 80, 84
白果 125

索　引　203

白果仁 125
白山御殿 174, 179
白山神社 179
博物館附属小石川植物園 176
パドア植物園 159
ハフィス 152
ハミルトン 119
パリ自然史博物館 119, 167
ハリス 70, 75
バンウコン 25, 142
ハンカチノキ 92, 173
バンクス 140
万国博覧会 32
蕃書調所 32
パンダ 173

ひ

ピーボディー博物館 5, 7
比較形態学 158
簸川神社 179, 183
氷川神社 183
ピスタチオ 137
ヒトモジ 139
ヒマラヤ 171
ビュニング 164
ビュルツブルグ大学 12
平瀬作五郎 8, 52, 178
ヒロハカツラ 92, 175, 192

ふ

ピィッツアー 13
斑入りイチョウ 108
フェニルアラニンアンモニア
　リアーゼ 126
フェノロサ 4, 6, 53
フォッサマグナ 48
藤井健次郎 11

二本の銀杏 115
フック 141
プラセボ 130
フラバノールグリコシド
　127, 128
フラボノイド 126
フランクフルト 152
プラントハンター 140
フリーラジカル 129
ブルノ 169
フローリン 73
フロリゲン 162, 163, 164
分子系統学的解析 170

へ

ヘニッヒ 81
ペリー 149
ベルギアンスカ植物園 73
ベルベデーレ宮殿 21, 156
ベルリン・ダーレム植物園
　190

ほ

ボアセリー 152
胞子（の）形成 45
法量のイチョウ 93
ホテルオークラ 111
ホフマイスター 38
ホメオボックス変異 106
堀 誠太郎 62
本国寺 107
本草学 32

ま

牧野富太郎 66
松村任三 12, 61, 62
マリア・テレジア 31

マルコ・ポーロ 149
マレー 3, 191

み

三木 茂 46
ミクログラフィア 141
ミズーリ植物園 120
水の輸送 36
水吹きのイチョウ 114
水ポテンシャル 36
源 実朝 95
身延町 104
宮の前神社 105, 107
宮部金吾 59
三好 学 65, 169

む

武蔵の国造 184
ムニンツツジ 171, 178
ムニンノボタン 171, 178

め

メアリー・ローズ 97
明治維新 176
明治美術会 53
メタセコイア 45, 46, 85, 88,
　92, 166
目安箱 180
メルヒャース 27, 163
メロヴィッツ 106, 160
メンデル 18, 169
メンデルブドウ 169

も

蒙古沈船 98
モース 3, 5, 182, 191
モーツァルト 31

索 引

モーリッシュ 66
モグサ 133
木喰仏 113
木質塊茎 103
木製植物画 190
モスクワ 121
木棺 49
モミジ 179
森 有礼 58, 60
モルテノ化石 73
モルテノ層 71

や

薬園奉行 173
薬草園 173
矢田部良吉 55, 58, 60
ヤツデ 140

ゆ, よ

ユーカリ 36
養生所 173, 180
葉緑体ゲノム 91
吉川儀部右衛門 148

ら

ライデン大学 26, 133
ライデン大学植物園 119
ライニーチャート 34, 70, 74
ライプニッツ 133
ラクウショウ 46, 176
裸子植物 39
ラッパイチョウ 107
卵細胞 38

り

リグニン化 35

龍泉 99
龍門寺 94
龍門寺のイチョウ 121
リンドウ 158
リンネ 24, 61, 70, 117, 134, 155

る, れ, ろ

ルント 121
レッドリスト 187
ロンドン粘土層 86

わ

ワールブルク 56
ワイマール 156
ワイマール公国 156
ワサビ 61
腕足類 3

著者略歴

長田　敏行（ながた　としゆき）

- 1968年　東京大学理学部　卒業
- 1973年　東京大学大学院理学系研究科博士課程修了　理学博士
- 1973年　日本学術振興会特別研究員，1973年東京大学教養学部，1979年名古屋大学理学部，1983年基礎生物学研究所勤務を経て，
- 1990年　東京大学理学部教授
- 1993年　東京大学大学院理学系研究科教授（組織替えによる）
- 2007年　東京大学定年退職，東京大学名誉教授
- 2007年より法政大学教授
- 2008年より法政大学生命科学部教授

この間，東京大学大学院理学系研究科附属植物園園長，フンボルト財団研究員としてマックス・プランク生物学研究所で研究従事，日米科学協力事業で，ワシントン大学，イリノイ大学で研究従事．

主な著書

プロトプラストの遺伝工学（単著，講談社），植物プロトプラストの細胞工学（単著，講談社），植物工学の基礎（編著，東京化学同人），細胞工学の基礎（共著，東京化学同人）

Biotechnology in Agriculture and Forestry, Vol. 49-66（編著，Springer-Verlag, Berlin, Heidelberg）

イチョウの自然誌と文化史

2014 年 2 月 10 日　第 1 版 1 刷発行

著　作　者	長　田　敏　行
発　行　者	吉　野　和　浩
発　行　所	東京都千代田区四番町 8 - 1 電　話　03-3262-9166（代） 郵便番号 102-0081
	株式会社　裳　華　房
印　刷　所	株式会社　真　興　社
製　本　所	牧製本印刷株式会社

検印省略

定価はカバーに表示してあります．

〈(社)出版者著作権管理機構 委託出版物〉
本書の無断複写は著作権法上での例外を除き禁じられています．複写される場合は，そのつど事前に，(社)出版者著作権管理機構（電話03-3513-6969，FAX 03-3513-6979，e-mail: info@jcopy.or.jp）の許諾を得てください．

社団法人
自然科学書協会会員

ISBN 978-4-7853-5857-0

© 長田敏行，2014　　Printed in Japan

☆ 新・生命科学シリーズ ☆

タイトル	著者	価格
動物の系統分類と進化	藤田敏彦 著	本体 2500 円+税
植物の系統と進化	伊藤元己 著	本体 2400 円+税
動物の発生と分化	浅島 誠・駒崎伸二 共著	本体 2300 円+税
発生遺伝学 －ショウジョウバエ・ゼブラフィッシュ－	村上柳太郎・弥益 恭 共著	近刊
動物の形態 －進化と発生－	八杉貞雄 著	本体 2200 円+税
植物の成長	西谷和彦 著	本体 2500 円+税
動物の性	守 隆夫 著	本体 2100 円+税
脳 －分子・遺伝子・生理－	石浦章一・笹川 昇・二井勇人 共著	本体 2000 円+税
動物行動の分子生物学	久保健雄 他著	近刊
植物の生態 －生理機能を中心に－	寺島一郎 著	本体 2800 円+税
遺伝子操作の基本原理	赤坂甲治・大山義彦 共著	本体 2600 円+税

(以下続刊；近刊のタイトルは変更する場合があります)

タイトル	著者	価格
エントロピーから読み解く 生物学	佐藤直樹 著	本体 2700 円+税
図解 分子細胞生物学	浅島 誠・駒崎伸二 共著	本体 5200 円+税
微生物学 －地球と健康を守る－	坂本順司 著	本体 2500 円+税
新 バイオの扉 －未来を拓く生物工学の世界－	高木正道 監修	本体 2600 円+税
分子遺伝学入門 －微生物を中心にして－	東江昭夫 著	本体 2600 円+税
しくみからわかる 生命工学	田村隆明 著	本体 3100 円+税
遺伝子と性行動 －性差の生物学－	山元大輔 著	本体 2400 円+税
行動遺伝学入門 －動物とヒトの"こころ"の科学－	小出 剛・山元大輔 編著	本体 2800 円+税
初歩からの 集団遺伝学	安田徳一 著	本体 3200 円+税
イラスト 基礎からわかる 生化学 －構造・酵素・代謝－	坂本順司 著	本体 3200 円+税
クロロフィル －構造・反応・機能－	三室 守 編集	本体 4000 円+税
カロテノイド －その多様性と生理活性－	高市真一 編集	本体 4000 円+税
外来生物 －生物多様性と人間社会への影響－	西川 潮・宮下 直 編著	本体 3200 円+税
人類進化論 －霊長類学からの展開－	山極寿一 著	本体 1900 円+税

裳華房ホームページ　http://www.shokabo.co.jp/　2014 年 2 月現在